AYUMI KIDZ

車柄Tシャツ￥3045／G2?
オーバーオール￥18690(RNA)
／RNA Inc.　USEDウエスト
ポーチ￥2520／KINSELLA
USEDヘアバンド￥5040／
NUDE TRUMP　USEDスニー
カー￥31290／SPROUT 2nd
アクセサリー／本人私物

AYUMI
KIDZ

USED キャップ ¥6195、USED リュック ¥6195、USED ベティ柄スウェット ¥8295 ／すべてSPROUT 2nd　リップ柄レギンス ¥3500 ／ American Apparel　キャンディゴム各 ¥136 ／文化屋雑貨店 原宿通り店

FRESH CHICKEN チキン
FRESH PORK ポーク
QUAKER OATS

TOMATOES ARE GOOD FOR MY SKIN AND YUMMY...
Spigadoro

THIS IS A STORY OF A SUPER HUNGRY GIRL...HA,HA

I'M LOOKING FOR SOMETHING GOOD.

USED ジュークボックスＴシャツ¥2940／NUDE TRUMP　お菓子柄ホルターキャミ¥4095(RNA SWEAT)／RNA Inc.　ピエロ柄水着¥3280、イエロータイハイソックス¥1750／ともに American Apparel　花冠¥1680／文化屋雑貨店 原宿通り店　ローラースケート 参考商品／ KINSELLA ブレスレット／本人私物

Dinner for Two
Cookbook
SPAM
Colmans
Mustard
RAY

ハートサングラス¥2940／NUDE TRUMP　アメコミTシャツ¥4095／SPROUT 2nd　レインボーサスペンダー¥2400、プリーツスカート¥5700、アメリカソックス¥1800／すべてAmerican Apparel　つけ衿¥997／文化屋雑貨店 原宿通り店　スタッズブレスレット¥4095(RNA)／RNA Inc.　リング、カチューシャ／本人私物　スニーカー／スタイリスト私物　ソファーに置いたM&M’sのバッグ¥4725／KINSELLA　スパイダーマンコミック¥1500、バットマンコミック¥2000、ゴーストバスターズコミック¥1800、タートルズコミック¥1800、キャンベルスープマグカップ¥2500、スーマーパンレコード¥3000、ピエロレコード¥3000、キッズレコード¥3500／すべてSPIRAL

"ANYONE ELSE BUT YOU"

BATMAN
Will the Joker have the last laugh ?
POPCORN

AYUMI KIDZ

This is the story about a girl named Ayumi.
She sometimes looks like a little kid so everyone calls her AYUMI KIDZ.
Early one morning, she wakes up and decides to have a party by herself.
She makes a perfect plan for her party and she immediately sets about preparations...

ライダースジャケット¥15540(RNA)／RNA Inc.[実際の商品はファー衿付き] ストライプキャミソール¥3465、パニエ¥4095、3Dめがね¥609／すべてG2? アメリカイヤリング¥399、ボーダーソックス¥682／ともに文化屋雑貨店 原宿通り店 USED缶バッジ(アメリカ)¥525、(ゴーストバスターズ)¥735、(レーズン)¥840／すべてKINSELLA リング／本人私物

CONTENTS

CHAPTER ONE: FASHION

CHAPTER TWO : BEAUTY

CHAPTER THREE : PRIVATE

have fun!

WELCOME TO AYUMI'S WORLD!

ライダースジャケット¥17640、USEDヒールパンプス¥9240／ともにNUDE TRUMP　レザータイトスカート¥16500／American Apparel　ジョーゼットスカーフ¥189／文化屋雑貨店原宿通り店　ソックス／スタイリスト私物　ウィッグ（エマsドリームロングウェイブ）¥4550／Linea-Storia

CHAPTER ONE

Fashion

KIDZ、AMERICAN CASUAL、STREET、ROCK、PREPPY… 瀬戸あゆみ FASHION を構成する様々なキーワードに沿ったスタイリング、私服ダイアリー、お気に入りの SHOP などをたっぷりとお見せしちゃうよ♪
また、あゆみがデザイナーをつとめるブランド Aymmy のページは、立ち上げまでのストーリーやアメリカでシューティングしてきたビジュアルなど、Aymmy の世界観を丸ごと感じることができる仕上がりに。

Ayumi's Inspir

ation Of Fashion

“AYUMI’S FAVORITE THINGS” あゆみのお気に入り

ハンバーガー、’50s アメリカン、バットマン、ジョーカー、アメリカンダイナー、ジャンクフード、ゴーストワールド、’70s ブリティッシュパンク、チェリーコーク、ロイ・リキテンシュタイン etc…。心ときめくアイテムは、すべて私物であり、ファッションのインスピレーション★

KEYWORD 1

KIDZ & BOY

瀬戸あゆみのファッションを語る上で欠かせないのがKIDZ＆BOYSスタイル。
外国の小さな女の子みたいな、イタズラでやんちゃ感たっぷりのカラフルコーデが基本！

大好きなBERBERJIN®でオールコーデ！ ゴーストバスターズLOVE♥

POPでキッチュな小物使いならおまかせあれ！ ヘルシーにお腹見せ

瀬戸あゆみスタイルの基本！ 赤と青がメインのアメリカンコーデ

USAカラーや企業物もてっぱん。デカめスニーカーでボーイッシュに

namaikiのミニスカをRNAのレギンスとコンバースでカジュアルに

アメリカンTOYみたいなBIGトップス×ニューバランスが相性◎

にっこりスマイルTeeにケミカルデニムとハデ柄シャツでファンキーに

シンプルなダークコーデのハズしにはキッチュなライオンリュック

ビビッドなカラーの多色使いもあゆみコーデには欠かせないルール♪

レーズンスウェットにコーラ柄パンツのJUNKスタイルでリラックス

くまの手付きサルエルに大きめスウェットでユルく、こどもっぽく

古着のラットフィンクTeeにカーキのアウターでグランジMIX！

ビタミンカラーの小物や古着のタートルズTeeでキッズライクに♪

スポーティーなラグランをパンツにinしていつもよりおすまし

お気に入りのUSEDショップ、GARDE-N 730で揃えた夏の定番ルック

あゆみ流マリンのポイントは、カラフルキッズなサスペンダー★

バンドTee＆ショーパンの元気コーデの仕上げは高めのツインテール

にゃんこなニット帽に、ゼブラパーカでアニマルキッズスタイル

トップス大きめ×足もとコンパクトは、あゆみ流のてっぱんバランス

KEYWORD 2

American Casual

アメリカのカルチャーが大好きなあゆみちゃん。赤や青を基調としたUSAカラーやアメコミ柄、企業物などは常に取り入れて、レトロなアメカジをボーイッシュに着こなすのが定番★

デニムスタイルにはメタルフレームのメガネでギークガール風！

古着のオーバーオールは大きめサイズを選んでKIDZ感を演出★

ヒョウ柄キャップやウエストポーチでキメたCOOLストリートSTYLE

コミカルな柄アイテムをバランスよく組み合わせて遊びゴコロを

ハデなネオンカラーで'80sを意識したアメリカンガール♥

ビッグサイズのUSEDブルゾンを主役にしたあったかボーイッシュ

『魔女の宅急便』のトンボをイメージしたレトロボーイッシュコーデ

オール古着であえて野暮ったく。服が重ためな分、足もとはスッキリ

すっきりシンプルなパンツスタイルはすべてnamaikiのアイテム

エッジのきいたKINSELLAのアイテムで作るあゆみ流アメカジ

フェイバリットカラーの赤をKEYにしたやんちゃカジュアル★

ボーイッシュなアメカジに厚底シューズ＋トップスinで脚長効果

カモフラ柄のオーバーサイズアウターはスポーツ小物で元気に♪

スポーティーなアメカジの仕上げにはチェックシャツを腰巻き

トレンドのボックスロゴアイテムを取り入れて定番コーデを格上げ

バットマンを主役にした引き算コーデ。ボトムはめずらしくチノパン

チェックシャツやキャップの王道アメカジにヒョウ柄でパンチを★

スピンズで購入したUSEDスウェットはクタッと感がお気に入り

メンズライクなミリタリージャケットには、USAカラーをちりばめて

KEYWORD 3

SPORTY & STREET

ヘビロテアイテムのラインソックスやローテクスニーカー、遊びゴコロあるキャップや
リュックを上手に組み合わせるのが、オリジナルのスポーツコーデにする秘訣！

ちょっぴり難しいデニムコーデもスポーツアイテムでヘルシー！

ホワイトを基調としたスポカジには差し色の赤でやんちゃGIRL

ベティ・ブープにBIGなパープルブルゾンで作る'90sムード

エッジのきいた小物使いでストリート感のあるパンツSTYLEに

おちゃめなタンクには遊びゴコロあるキャップや柄リュックをON

本気系ベースボールシャツはフレアなスカートでガーリー仕様

ヘアのピンクとTシャツのグリーンのネオン感が絶妙にマッチ！

ネオンカラーをちりばめたフューチャーなスポーツカジュアル

ベースボールキャップONスタッズ付きフードで辛口ストリート

バスケタンクにはROCK感のある小物を合わせて本気度をダウン

すけ感のあるユルめタンクトップはボーダーと重ねてオトナ度UP

F

Order made & more

厚底のローテクスニーカーでつくるクラシックなスポーツMIX

アクティブなショーパンには目玉サスペンダーがお似合い★

Candy Stripperのファイヤータンクは1枚で着てパンチを

寒色でまとめたカラーコーデはVANSのスリッポンで今年っぽく

ラガーシャツとネルシャツのレイヤードでスポカジにひと工夫！

ロカビリーなポロシャツはPOP感のあるアイテムでキッチュに♪

アクティブなキッズコーデをメッシュトップスでハードに味付け

スラッシャーロゴが本気度を高めるスケーターGIRLスタイル

KEYWORD 4

ROCK

あゆみ流コーデに外せない大事な要素の1つ、ROCKスタイル。ハードなコーデもミニボトムや小物使い、ヘアスタイルでどこかに女の子っぽさを感じさせるのがポイント♪

大好きなストレイ・キャッツTeeがメインのタイトな'70sパンク

ハードなスカジャンをキレイめに着こなした春色ロカビリーガール

Candy Stripperのクラッシュデニムに KISSのバンドTeeでキメッ！

ストーンズTeeを1枚でサラッと。やんちゃ小物でPOPに味付け

柄スキニーにスカジャン×バンドTeeでヤンキーちっくに！

オールブラックのハードSTYLEも差し色でここまでキュートに

多大な影響を受けた'50sアメリカンど真ん中のハンサムコーデ

インパクトのあるトラ柄ジャケットを光沢感のあるボトムで格上げ

ワンピをブラウジングしてコーデ。ニーハイと靴はCandy Stripper

ストーンズTeeにRNAのボーダーカーディガンを羽織ってあったか

ピンク×イエローの組み合わせは新鮮！あわ色ロックSTYLE

ゴツめのチョーカーやベレーでとことん攻めたクラシックPUNK

ピンクのフリンジトップスにデニムonデニムでちょいダサ感を

ヒョウ柄ジャケットにスリムパンツですっきりIライン仕上げ

ハード仕上げのヒョウ柄コーデは★ベレーでかわいらしさをプラス

ニーハイやカットオフデニムベストで素肌を出してヌケ感を意識

ハードになりがちなロカコーデにガーリーなアイテムを投入♥

USEDの革ジャンでCOOLなロッカー！タートルズでキッチュに

ルーズなサイジングの柄レイヤードには網タイツで女らしさを

赤をきかせたグランジミリタリー。レザーショーパンがポイント

KEYWORD 5

PREPPY & SCHOOL

衿つきシャツや黒ブチメガネ、ジャケットなどのかっちりアイテムに、タータンチェックやビョウアイテム、ラバーソールでUKテイストをプラスしてやんちゃなKIDZ感を★

タータン×ギンガムの柄コーデも赤をKEYカラーにして統一感を

お気に入りのスタジャンはセーラー風の衿が少女っぽさをアピール

定番のロックコーデにブラウン系のジャケットや小物で大人顔♪

めがねとサスペンダーのスクール小物でシンプルコーデを味付け

トラッドなチェックシャツはボタンをきっちり留めてまじめっこ!

グリーンのチェックハンチングはキッズなヘアアレンジでPOPに

ユニオンジャックのベレー帽で仕上げたブリティッシュガール★

シブめのツイードジャケットはヘビロテ小物でチャーミングKIDZ

レディなセットアップ風コーデもロックなアレンジがあゆみ流

ミリタリーアウターはショート丈をセレクトすれば上品な印象に

アクティブなプレッピーコーデはUSEDのヒョウ柄スキニーで遊んで

オールドスクールな着こなしはトップスのBIGシルエットが決め手

かっちり白シャツに細身のタイ、クラッシュデニムがボーイッシュ

ルーズに羽織ったワッペン付きカーデはnamaikiのアイテム

パンキッシュなコルセットをUKテイストのアイテムで仕上げ♪

KEYWORD 6

Girly Pop

甘くなりすぎるスタイルはあまり得意じゃないので、必ず辛口アイテムをトッピングして全体のバランスを調整！ レイヤードひかえめがいつものスタイルをガーリーに味付けするコツ♥

ひとめぼれしたアメコミ柄ワンピはスウェットで甘さひかえめ

ちょいロリなベビードールはニットキャップでボーイッシュに

上品なファー付きコートにフラットシューズでクラシックガーリー

いたずら子猫のラグランはキュートなリングヘアで女の子っぽく

WWL!の星柄ドルマンシャツをメインにしたシンプルスタイル

RNA のニットワンピは1枚でストンと着てさらっとシンプルに

JOYRICHのタイトなワンピはおもちゃっぽい小物でハズして

メンズサイズのシャツを1枚で着た時のシルエットがお気に入り

女の子な丸衿シャツには、チェッカー柄のスカートでROCK感を

ガーリーとロック感とのバランスが絶妙なあゆみ流の甘辛MIX

裾しばりシャツとミニスカでPOPなアメリカンチアガール♥♥

BOYSコーデはパールネックレスやシアーロンスカで女子度UP♥

お得意の辛口コーデにフリルスカート&ソックスで甘さをON！

HEAVY ROTATION

TOPS

Candy Stripperで今シーズン買ったもの。めずらしい白地のファイヤーパターンがお気に入り

LABORATORY／BERBERJIN®で見つけたUSEDタンクはオールシーズン使えるアイテム

こちらもLABORATORY／BERBERJIN®で購入。アメリカンな大統領のパロディプリントが好き

Zipperの撮影で着てファンキーなプリントと色使いにひとめぼれして、撮影後にお買い取りしました

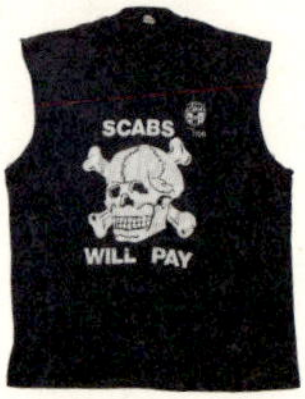

切りっぱなしのダメージ感とプリントのバランスが◎なタンクはLABORATORY／BERBERJIN®で

前にNADIAで見つけたオリジナルのリメイクタンク。ピンクのトップスってあんまり着ないのでレアかも！

大好きキャラがいっぱいのMARVELコミックス×STUSSYのコラボTeeはいただきもの。大事に着てます

ガーベッジ・ペイル・キッズという80年代アメリカのキャラTee。福岡の古着屋さんでゲット！

CANDYで買ったGERLAN JEANSのトップス。いつもより大人っぽい雰囲気のアイテムが欲しくて

KAKA☆VAKAの社長さんに誕生日プレゼントでいただいたもの。マリオがスケボーしてるレアプリント

ミュータント・タートルズのTシャツはキッズサイズが◎！ HAIGHT & ASHBURYで買ったUSED

フランケンのプリントと、ネオンな色使いがツボ！ LABORATORY／BERBERJIN®で購入

AYUMIのヘビロテワードローブ
WARDROBE 100

あゆみちゃんが本当によく着ているアイテムを、クローゼット丸ごと、アウターから小物までオールシーズン大公開！ Zipperの誌面や本人ブログなどで目にしたことのあるアイテムもあるかも★

赤×青の大好きカラーがメインのかっちりシャツはRNAで。1枚で着るより、レイヤードで使うことが多いかも

ロカビリースタイルにはまってた時にCREAM SODAで買ったシャツ。もこもこで手触りもばつぐん！

Candy Stripperのハンバーガーシャツ。これはもう、私は着ない訳にはいかないでしょう（笑）

NUDE TRUMPのブロックチェックシャツは、撮影の時にひと目で気に入って、後日買いに行きました！

G.V.G.V.のサンプルセールでゲット。いつもとは違うテイストの服に挑戦してみようと思ったので

STUSSYのアロハは今シーズン買ったもの。メンズサイズのSをセレクトして、大きめに着るバランスが好き

イギリスブランドのLAZY OAFのトップス。日本ではまだ買えないので、ネットでお取り寄せしました

配色といい、USAロゴといい、好きなものが詰まったオーバーサイズニットはLABRATのもの

スピンズで買ったUSEDスウェット。カレッジロゴなのにMTVっていうのがおもしろくて。色も好きです

PIN NAPで購入したUSEDスウェット。manitasに「瀬戸っぽい！」って言われました（笑）

PUNKなモヘア赤ボーダーニットは定番の黒でなく、青なところが◎。Candy Stripperのもの

タートルズ柄はもちろん、色、サイズ感、すべてがパーフェクトなスウェットはSPROUT 2ndで！

ONE-PIECE

丸衿がキュートな syrup. のオーガンジーワンピ。ロック Tee やデニムで着崩すスタイリングが My 定番

Candy Stripper のチェリーワンピは、ちょっとおめかしする時に。イトコの結婚式でも着ました

JOYRICH × GERLAN JEANS のコラボワンピ。タイトなのでスニーカーやキャップでキッズに着ます

ガーリーな気分の時に着たくなる RNA のヒョウ柄ワンピ。1 枚できちんと感も出せるし、意外と合わせやすい

BOTTOMS

バンダナ柄がアメリカンなパンツは X-girl で。ロールアップしてソックスや靴とのバランスを楽しむよ

1 個 1 個表情の違うスマイルがいっぱいのパンツは KINSELLA でひとめぼれ。ゆるいシルエットが楽チン

CANDY で購入した UNIF のスカート。お気に入りポイントは PUNK なディテールと、t.A.T.u. っぽさ（笑）！

去年の冬、もこもこのファースカートが欲しいな～と思ってた時に偶然 KINSELLA で見つけて即買い！

バットマンのハーパンは大阪の古着屋さんで。ジャストサイズなので、大きめトップスと合わせることが多いかも

ブルー系をよく着てた去年の夏に、Candy Stripper で買いました。ブロックチェックには目がない！

アメアパのショーパンは形が好きで、色違いで 2 色持ってます。中でもケミカルなピンクをヘビロテしがち

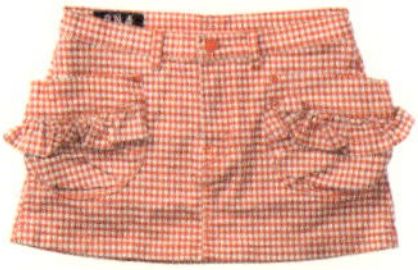

ギンガムチェックのミニスカは RNA。ハードめロック Tee と合わせてガーリーになりすぎないようにするよ

OUTER

一見ふつうのカモフラ柄だけど、よーく見ると女の人やネズミが隠れてるの！ LABRAT で買ったパーカー

SPROUT 2nd で買った異素材パーカーは着回し力もばつぐん！ がちゃがちゃしたコミック柄もイイ

カレッジ系のスタジャンはたくさん持ってるけど、これは緑×黄の配色とサイジングが好き。KINSELLA で

PIN NAP で買ったスタジャンは赤、青、黄のクレイジーカラーと、バックのベティちゃんがかわいい♥

去年の冬に STUSSY WOMEN で購入。ネイビーの MA-1 は持っていなかったのと、ワッペン使いが好き

RNA のカバーオール。薄手のデニムなので 1 年中着られるし、レイヤードにも使いやすい万能アイテム！

黒の王道ライダースが欲しくて去年の冬に STUSSY WOMEN で購入。あえて 1 サイズ大きめを選んだよ

スピンズで見つけた USED。バッジなど、すべて付いた状態で売ってたよ。バックの刺しゅうもポイント高し

一見普通のデニムジャケットに見えて、両腕に入ったカゲキな単語、絶妙なダメージ加減、デザイン性の高さが◎

コクーンっぽいシルエットがかわいいアウターは去年 Candy Stripper で。今年もヘビロテの予感！

namaiki の買い付けでアメリカに行った時に見つけたスタジャン。冬の KIDZ コーデには欠かせない★

RNA で去年の冬に。タータンチェック、ヒョウの組み合わせが PUNK 感もあるし、サイジングも絶妙！

HEAVY ROTATION WARDROBE 100

SHOES

VANS × UNDERCOVER コラボのデッドストック。レアなのに、友達がプレゼントしてくれて感激！

雲柄のトップスと一緒に海外通販したLAZY OAFのレインボーカラーの厚底。かなり高いのに歩きやすい♪

スーパーマンモデルは復刻版を購入。コンバースは25.5cmを買って大きめの足もとにするのがMyルール

展示会で見て、デリバリーが楽しみでしょうがなかったCandy Stripperのロックな厚底サンダル

スピンズ原宿店のオープン初日に行ってゲットした、レアなユニオンジャックモデルのマーチン16ホール

KINSELLAで見つけたUSED。ぽってりとしたボリューム感や配色が好きすぎて、かなり出番多し！

TIGHTS&SOCKS

NADIAのスタッフ時代によく履いてたCELESTE STEINのタイツ。デニムとの相性がばつぐん♪

こちらもNADIAで購入。高校生の時だったけど、すでにアメリカが大好きだったことがよくわかる（笑）

ネオンライトのプリントがインパクト大なタイツ。こちらもNADIAで買ったCELESTE STEINのもの

白地に映えるセクシーなピンナップガール柄♥ 同じくNADIAで買ったCELESTE STEINのもの

1

2

3

4

5

6

7

1. ゲームっぽいフキダシプリントがめずらしくてNADIAで購入　2. 恐竜がかわいすぎ！TOPSHOPは他には無い柄が見つかる　3. 生地感と配色にこだわりを感じて、RNAで2足買い！　4. スピンズにて購入。ラインソックスにはめずらしい配色！　5. アメアパのラインソックスは、色違いでたくさん持ってるよ♪　6. 黒系コーデによく合わせるCandy Stripperのニーハイ　7. 元パチパチズのみよしっこにもらったVivienne Westwoodのニーハイ

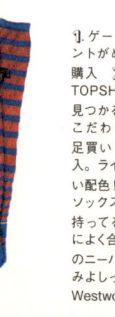

ACCESSORIES

GARDE-N 730 のオリジナル。クラッチをカジュアルに持ちたくて

キッズ感をプラスしたい時に欠かせないサスペンダー。すべて USED

誕生日にもらった SPIRAL のバッグ。ゴーストバスターズ大好き！

悩んだ末に買った GARDE-N 730 のオリジナル。1 番のヘビロテ

BLONDE CIGARETTESのリュックはスピンズで買ったよ

メッシュのリュックは GARDE-N 730 で見つけた USED

おもちゃっぽいカラーにひとめぼれして SPROUT 2nd で購入

Supreme のキャップはかっちりした形と色合いがお気に入り

2 年前に L.A. でゲットした古着。レザー使いがめずらしくて

Supreme のニットキャップ。レゴっぽいカラーリングがツボ

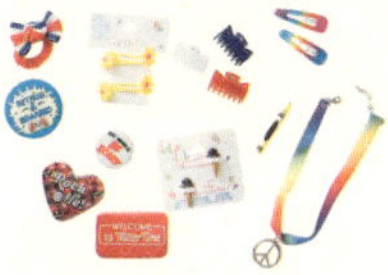

KIDZファッションのワンポイントに大活躍のおもちゃアクセ

VANS のリゾート柄サングラス。この形が私の顔に合ってるかも

海や BBQ などアウトドアの時にかけたい X-girl のサングラス

KAMALIKULTURE のサングラスはオープニングセレモニーで

キラキラのアルファベットがかわいいつけ衿は BUBBLES で購入

子どもサイズのタートルズベルトは KINSELLA で即買い！

ピアス開けてないのでイヤリング派。これはクレアーズで買ったよ

KINSELLA の店長さんにいただいたスパイダーマンバッジ

最近集めてるヘア小物。特にお気に入りは GARDE-N 730 で

フリマで買って、自分でブローチにアレンジした LOVE フランケン

スタイリストのまなみさんがくれたバッジはハンバーガーモチーフ

5 年前くらいに古着屋さんで買って未だにお気に入りの缶バッジ

BUBBLES にて購入。スマイルモチーフには目がないんです！

HEAVY ROTATION WARDROBE 100

AYUMI'S COOR

ALL私服コーデを60日分ドーンとお見せしちゃいます！　基本のKIDZスタイルからはブ

タイトなCOOL ストリート★

黒のバンドTeeはLABORATORY／BERBERJIN®、ブラトップはアメアパ、ゼブラスキニーはBUBBLESで

スタジオでの 撮影後にパチリ

黒Teeは古着、パンツはアメアパ、私にしてはめずらしい薄ピンクのパーカーはビリヤード柄がお気に入り

ネオンカラーで やんちゃに♪

この時はネオンイエローにはまってた!　古着のサスペンダーとソックスの色を揃えて、ブロックチェックシャツでひきしめ!

シンプルコーデは サイジング命

USEDのラグランにチェックシャツ、RNAのデニム、コンバースで王道ROCK。秋になるとしたくなる定番コーデ

女の子な アメカジSTYLE♥

PIN NAPのUSEDニットにRNAのギンガムスカート。NADIAのラインソックスをニーハイ風に履いてバランスを

BOYSコーデを 女の子に味付け

ミリタリージャケットとバンドTeeの間に赤チェックを挟むことで色味をプラス。ショーパンで思い切り足を出してみたよ!

大きめアウターで出す KIDZ感

古着ロックTee×namaikiのスキニーで楽ちん。アウターは大きめが好きなのでSTUSSY WOMENのライダースを

スタジャン主役の チアスタイル

スピンズで買った超お気に入りのUSEDスタジャン♥　トップにボリュームがあるので、足もとはすっきりさせたよ

赤のドレスコードに 合わせてみた

赤がドレスコードのX'masパーティーに行った時の服。USEDのコーラニットをメインに、全身に赤をちりばめてみた!

プロデューサー巻きで '90s

大阪でイベントに出演した時のスタイル。シュールな絵柄のUSEDスウェットをタイトなケミカルデニムスカートにin

DINATE DIARY

レず、その日の気分でプラスされたバリエーション豊かな着こなしをチェックしてみて！

namaikiで ガーリーに♥

アウターはオリジナル、ワンピはセレクト。どちらもnamaikiのアイテム。レイヤード少なめのすっきりモッズコーデ

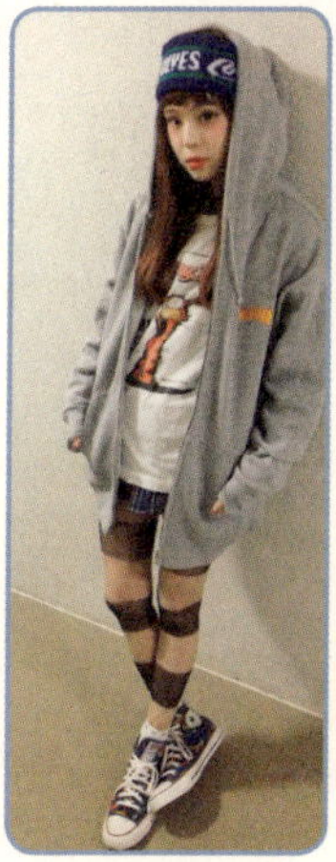

トップス重めの時は ボトム軽め!

ロックTeeに、スラッシャーのグレーパーカーをラフに羽織ったスケーターガール。ボーダータイツはアヴァンギャルドで

白タイツが マイブームだった時

冬、白タイツにはまってた時期のコーデ。もこもこのヒョウ柄スカートをメインに、タートルズのスウェットでゴキゲン♪

お気に入りの チェックコートコーデ

コクーンっぽい形がかわいいコートは去年Candy Stripperで買ったもの。この時も、足もとは白タイツ履いてます!

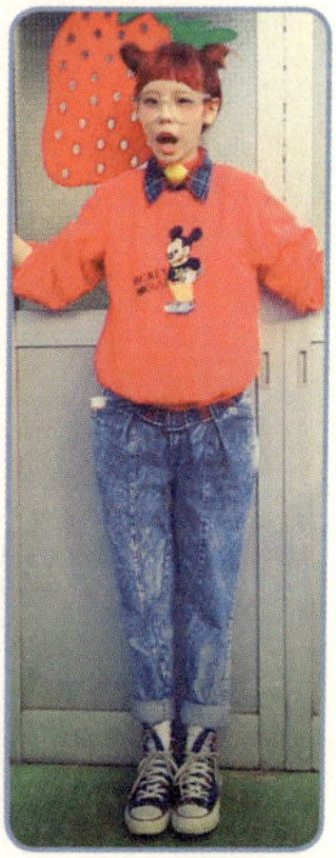

いつになく ハイテンション(笑)

イチゴ狩りに行った日の、真っ赤なUSEDコーデ。出かける時は、テーマに合わせたドレスコードを考えるのが大好き♥

冬もミニボトムで やんちゃに!

寒がりなので、冬はけっこう着込んじゃう方。着ぶくれして見えないよう、足もとはミニ×薄手の黒タイツでスッキリ

冬の定番、スタジャンを かわいく

スタジャンの時は、中に着るトップスのボリュームに気をつけるよ。足もとは重くしないのが野暮ったく見せないポイント

おかっぱ& チョーカーでマチルダ!

『レオン』のマチルダになりたくてボブに。いろんな格好に挑戦しようとスタイリングにも徐々に変化をつけはじめました

トレンドのリゾートを KIDZに

STUSSYのアロハと、namaikiのスカートでつくったリゾートコーデ。袖のロールアップ&裾結びでコンパクトなバランス

ワンピをキャップで ドレスダウン

JOYRICHワンピは大人っぽいシルエットなので、キャップやCandy Stripperの厚底シューズで自分らしく

AYUMI'S COOR

SPRINGピクニック スタイル♪

私の中でピクニック＝ギンガムチェックのイメージがなぜかある(笑)。デニムビスチェでアクティブ&女の子らしく

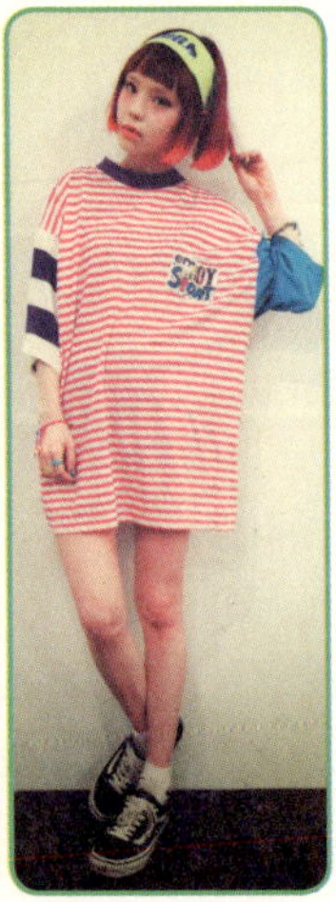

クレイジーカラーの トップスが主役

KINSELLAで見つけた、'80sっぽいカラーリングといい、BIGなサイズ感といい、すべてがツボすぎるUSEDトップス

GEEKガールな ケミカルコーデ

RNAのシャツに、TOPSHOPで見つけたスマイルTeeを重ね、ケミカルデニムにin! メタルなメガネでマジメっこ風に!

SMILEプリントには 目がない!

ニコちゃんマークが大好きで、このパンツもKINSELLAでひとめぼれ。太め&テロテロ素材のパンツはレザーでひきしめ

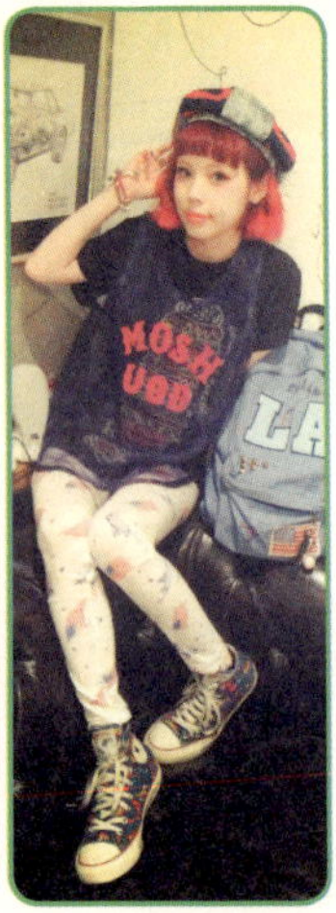

フェイバリットカラーを ちりばめて

ロックTeeに、Candy StripperのメッシュタンクをON。レギンスはRNA。ベレー帽はnamaikiのオリジナル

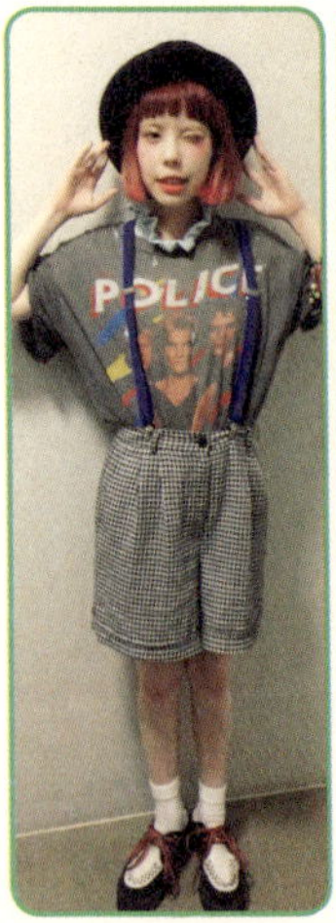

ボーラーハットで マニッシュに

ハーフパンツはGARDE-N 730で買ったUSED。サスペンダーやラバーソール、ボーラーハットでかっこよく!

クラッシックな スクールPUNK

USEDの赤ベレーにドクロのタンク、CANDYで買ったお気に入りのUNIFのスカート、厚底ブーツは竹下通りで

すっきり&シンプル BOY'S

USEDのロックTeeに、パーカーはSPROUT 2nd。デニムはRNA。スリッポンはX-girl×VANSのバンダナ柄

赤×黒でCOOLな ロックガール

namaikiのスカートは自分でもお気に入りで全色ヘビロテ! ゴツめのブーツとかっちりベレーでTシャツコーデを格上げ

ボーダーTeeで マリンっぽく!

ボーダーはアンダーカバー、サスペンダーはI am I。キャップはnamaikiオリジナルの迷彩柄。オフの日のラフスタイル

DINATE DIARY

ブルー多めの アメリカンKIDZ★

スピンズで購入したコーラスウェットに、RNAのデニムアウターとレギンス、コンバースはスーパーマン柄!

白ニーハイで ちょっぴりロリータ

ロックTeeのinにBUBBLESで買ったフリルの立ち衿ブラウスを着て、レディライクに。タイトなシルエットが多めの時期

ストリート感を 強めにだしてみた!

namaikiのオリジナルトップスはお気に入り。STUSSYのニットキャップで男の子っぽいストリートスタイルに

打ち合わせに いくときはラフに～♪

事務所で打ち合わせだったのでnamaikiのピザTeeに、スピンズのハイウエストデニム、I am Iのサスペンダーで楽ちん

大好きなLAZY OAF でコーデ♥

トップスも、シューズも海外通販で買ったLAZY OAF。レインボーな色使いがとにかくかわいい!　スカートはnamaiki

カラフルKIDZ STYLEで元気に

スピンズで購入したカレッジなロゴのMTVスウェットはおふざけ感と色合いが好き。ロゴの水色と赤で足もともコーデ♪

ポロシャツを ワンピ風に1枚で★

Supremeのヒョウ柄ポロはメンズのMサイズ。ロカビリーっぽいディテールが好みで、ワンピとして着ているよ

スポーツコーデの バリエーション

namaikiのスウェット&スカートに、USEDのチェックシャツを腰巻き。あえての白タイツでスポーツ度をおさえめに

ロカビリーガールな 気分だった日

ギンガムチェックのパンツは、下北HAIGHT&ASHBURYで見つけたUSED。ハイウエストな形が◎

アロハをROCKっぽく 着こなして

STUSSYのアロハを、ROCKに着た日。ボタンは全部閉めて、ゴツめの黒ブーツを合わせるだけで違った印象に

AYUMI'S COOR

ロサンゼルスの街角でSNAP★

BERBERJIN®のオリジナルブランドLABRATのUSAカラーニットを着てアメリカに行ったよ。街にとけ込んでる?

キッズサイズTeeがぴったり!

ロスで見つけたキッズ用のUSEDトップスがちょうど良いサイズだった(笑)! スーパーマンのプリントです

とことんボーイッシュにキメ♪

GARDE-N 730で買ったオーバーオール、inはロジャー・ラビットのプリントTee。期間限定のロングエクステ!

黒を基調にしたストリートモード

GERLAN JEANSのトップスに、namaikiのレザーショーパンでコンパクトなシルエットに。足もともモノトーンで

チビTeeのバランス感が好き

アメアパの白Teeは裾をロールアップしてお腹をチラ見せ! キッズ感のあるカラフルアイテムで今年っぽいスタイリング

今年はイエローをよく着ました

プレゼントにいただいたマリオのTシャツをアメアパのキレイ色プリーツで女の子っぽく。ヘアもノーマルなダウンスタイルで

いつもより色味をおさえて大人顔

G.V.G.V.のアロハに、アメアパのハイウエストパンツでストリート×リゾートのMIXコーデ。足もとはブーツでCOOLに

女の子ワンピで美術展へGO♥

USEDのロックTeeに、RNAのヒョウ柄ワンピをレイヤード。美術展はたくさん歩くので、デニム&ラバーソールで

スポーツ×ネオンでFUTURE感!

小さめサイズがうれしいフットボールシャツはBUBBLESで。スカートはnamaiki、コンバースは黒ハイカット

いつもとは違うバランスに挑戦

STUSSY WOMENのライダースに、S△NK△KUのUSEDのシャツワンピを着て、上下重めのバランスに挑戦

DINATE DIARY

サイドポニーで アクティブGIRL

Candy Stripperのファイヤータンクをワンピ風に。肩口に缶バッジを付けて、いつものコーデに変化を

ネオンカラーに ROCKな要素を

大好きなUSEDのフランケンTeeに、KINSELLAのスカート、Candy Stripperのロングカーデを羽織って

テーマは FUNNY&オトナ

TシャツはTHE GREAT BURGERのオーナーさんから、厚底サンダルはG.V.G.V.からのいただきもの

ハンバーガーの バッジがポイント

ハンバーガーの打ち合わせ日。プレゼントでもらったバーガーモチーフのバッジを、アメアパのコンビネゾンにオン♪

KIDZに ヒッピー要素をプラス

サンフランシスコで買ったスマイルのタンクに、USEDのヘアバンドでヒッピー風。スニーカーはグレムリン柄!

テーマは キャンベルスープ缶!

アメリカンポップアート展に行った時に。またも1人ドレスコードを設定して、バッグとトップスをキャンベル缶に

レア? ラフな ご近所スタイル

USEDのはんぱ丈ゆるワンピには、ケロッグのキャラクターが大集合なの。ネックレスはSPIRALで買ったE.T.

ちょっとオトナな KIDZコーデ

基本KIDZでもタイトなシルエットを意識する時は大人っぽく。ブラトップはTOPSHOP、骨ピアスはSPIRALで

3点投入の水色が キーポイント

Zipperの撮影で着てひとめぼれしたUSEDのタンク、ショーパンはアメアパ。ベルトはタートルズ、ソックスはTOPSHOP

もう秋っぽい格好が したくて…!

ニットはKINSELLA、インナーにはTOPSHOPのブラトップ。ピストル柄のソックスはSTYLE ICON TOKYO

Ayumi's Favorite Shop

★ ★ ★

あゆみのお気に入りショップ

瀬戸あゆみの世界観を構成するフェイバリット SHOP を厳選してご紹介！
個性派の古着店に、大好きなブランドショップ、おもちゃ屋さんまで。
KAWAii が必ず見つかる SHOP だよ！

KINSELLA

「主役系のアイテムを探すならココ！　他にはないめずらしいデザインの USED 物が見つかったりします」

東京都渋谷区神宮前 3-27-13 イエローベリー神宮前 B1
☎ 03-3408-6779
㊋12:00 ～ 20:00　無休

BUBBLES

「USED も、オリジナルもかわいい！　スタッフさんとも仲良しで、行くたびにワクワクをもらえる SHOP」

東京都渋谷区神宮前 4-32-12 ニューウェイブ原宿 1F
☎ 03-5772-7126
㊋12:00 ～ 20:00　無休

おもちゃや SPIRAL

「アメコミ TOY やレアなアイテムなど、見ているだけで楽しいおもちゃがいっぱい！　いつ行っても新しい出会いが」

東京都渋谷区神宮前 3-27-17 ナガタビル A-1
☎ 03-3479-1262
㊋12:00 ～ 20:00　無休

PIN NAP

「カラフルなラインナップが最近の気分にぴったり。かわいい T シャツが多いので、チビ Teeを探しに行きたいな～」

東京都渋谷区神宮前 3-26-10
☎ 03-3470-2567
㊋12:00 ～ 20:00　無休

AMERICAN APPAREL 渋谷店

「サイズ展開が豊富で、私にも合うサイズが見つかるのがうれしい。ハイウエスト系、ラインソックスは何個も持ってる」

東京都渋谷区渋谷 1-22-8
☎ 03-3409-2890
㈴11:00 ～ 21:00　無休

CANDY

「いつもとは違うテイストの服が欲しい時にチェックしに行きます。UNIF などのインポート系を買うことが多いかも」

東京都渋谷区宇田川町 18-4 FAKE1F
☎ 03-5456-9891
㈴12:00 ～ 22:00　不定休

GARDE-N 730

「オリジナルが特にかわいくて、愛用のリュックもここのアイテム。小さめサイズのものが多いのもうれしい♪」

東京都渋谷区神南 1-13-4 フレームインボックス B1
☎ 03-3770-7301
㈴12:00 ～ 22:00　無休

LABORATORY/BERBERJIN®

「スタッフさんにナイスキャラの方が多くて、楽しくお買い物できます。オリジナルブランドの LABRAT も大好き」

東京都渋谷区神宮前 3-21-22 いとうビル 1F
☎ 03-5414-3190
㈴11:00 ～ 20:00　無休

RNA MEDIA ラフォーレ原宿

「中学生の頃から好きなブランド。オリジナリティあふれる ROCK なデザインが、毎シーズン楽しみです★」

東京都渋谷区神宮前 1-11-6 ラフォーレ原宿 4F
☎ 03-3423-3638
㈴11:00 ～ 20:00　無休（ラフォーレ原宿に準ずる）

The story of Aymmy

Aymmyができるまで

いよいよスタートした、瀬戸あゆみがデザイナーをつとめるブランド
Aymmy in the batty girls（通称：エイミー）。本格始動するまでの様子を大公開！

Aymmy in the batty girls ってどんなブランド？

L.A. で生まれ育った架空の女の子『エイミー』。アメリカンカルチャーをベースにロックやパンク、スケーターなどPOPとエッジをミックスさせたちょっと奇抜なスタイルを楽しむエイミーのライフスタイルにフォーカスをあて、等身大の女の子のリアルなファッションやスタイルを表現。KIDZ、SK8（スケート）、SCHOOL、ROCKの4カテゴリーを中心に、瀬戸あゆみ自身が着たいと思うアイテムをトータルコーディネートで提案します。

エイミー
（Aymmy）

17歳／高校生／L.A.在住／
負けず嫌いで男勝りな性格／
ダイナーでアルバイト中

制作秘話 Backstage of Aymmy

1 イメージボード作成！

「エイミーちゃんの世界観を構想しながら、彼女の部屋、バイト先のダイナー、週末にやってるバンドなど、こんな子がいたら良いな～ってアレコレを妄想しながらビジュアルイメージを作っていったよ」

2 デザイン画を描く！

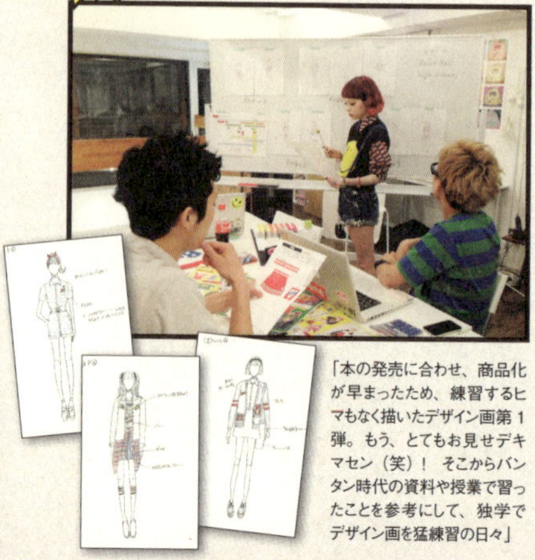

「本の発売に合わせ、商品化が早まったため、練習するヒマもなく描いたデザイン画第1弾。もう、とてもお見せデキマセン（笑）！ そこからバンタン時代の資料や授業で習ったことを参考にして、独学でデザイン画を猛練習の日々」

3 イメージを商品企画化

「読モ歴が長いこともあって、コーディネートを考えるのは慣れてるし楽しい♪　なので、まずはコーデを考えて、これに合わせるのはコレとコレと…という感じでアイテムを考えていくよ。大変さよりも、ワクワク感が勝っちゃう」

4 サンプル完成！ L.A.でフォトシューティング

「出来上がったばかりのサンプルを持って、アメリカで Aymmy のビジュアルイメージを撮影してきたよ! トータルディレクションやスタイリング、ヘアメイクもすべて自分で手がけて、かなり満足な仕上がりに★」

「L.A. の街は、どこで撮っても絵になって最高だった! ますますアメリカの魅力にはまったので絶対にまた行く!」

「Aymmyを表現するためにアメリカンカルチャーは欠かせない存在。実際に肌で感じたものをデザインに活かすぞー!」

「ロケ地は、アメリカ好きの友達や自分でリサーチして、事前に決めていったので、理想通りの写真が撮れたよ!」

「この本の裏表紙撮影のオフショット。ステキなアンティークショップだったので、撮影後にパズルなどをお買い物♪」

Aymmy in the batty girls 2014 SPRING COLLECTION

SCHOOL ONE-PIECE

SCHOOL チェックのジャンパースカートは、カレッジロゴのワッペンが USED 風。ハイウエストなので脚長効果もアリ!

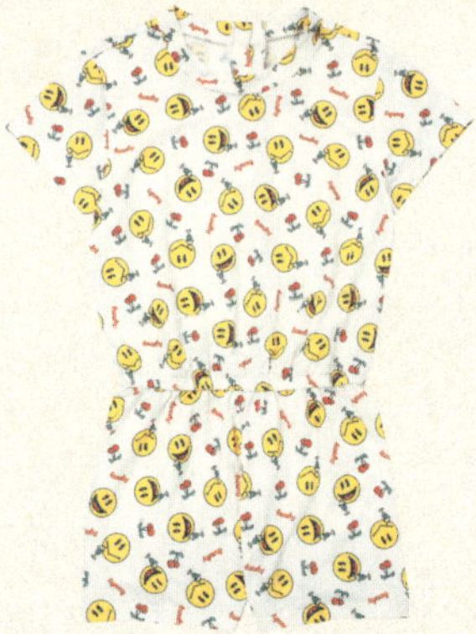

SMILE SALOPETTE

やんちゃなスマイルがクリームソーダを飲んでるAymmy オリジナル柄。やわらかな Tee 素材のサロペで思いっきり KIDZ に

BACK

SKATER HOT PANTS

着まわししやすいケミカル素材のホットパンツはイエローのパイピングがポイント。アメカジ風のナンバリングがバックプリントに

BACK

JUNK CAP

ユニセックスにかぶれるベースボールキャップは、つばの両面にハンバーガーやポテトの総柄が★どんなテイストにもハマる

Aymmy の最新コレクションからアイテムの一部をひとあしお先に紹介しちゃうよ。
細部までこだわりが詰まった一着一着は、来年の２月頃から販売を予定！

CALIFORNIA SKA JAN

Aymmy を象徴するモチーフたちを POP に落とし込んだスカジャン。赤と青をメインに、ポイントに入った黄色がパッと目をひく

JUNK PANTS

ハンバーガー、ポテト、コーラの総柄ストレッチパンツ。やや短めのくるぶし丈なので、背の低い子もロールアップしないで履ける

HARD SLEEVELESS TEE

USED 感を出すため、あえてクタッとさせたタンクトップ。バックプリントは ANARCHY を Aymmy にパロディした PUNK ロゴ

CHEER SKIRT

チアガール風プリーツは SCHOOL ガールっぽく着こなしたい。トップスを in して、ウエストに入った刺しゅうをチラ見せして♪

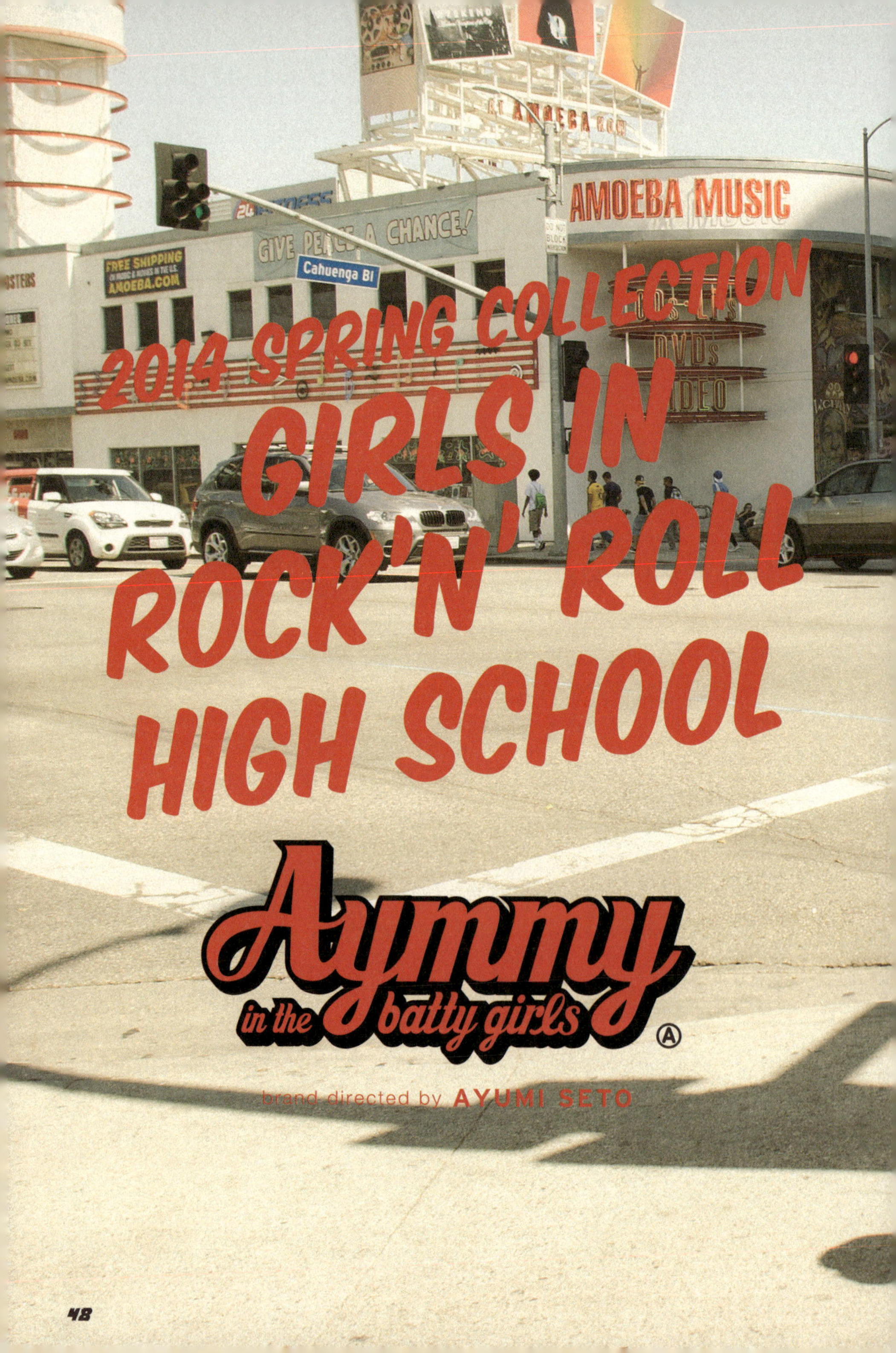
2014 SPRING COLLECTION
GIRLS IN
ROCK'N' ROLL
HIGH SCHOOL
Aymmy
in the batty girls
brand directed by AYUMI SETO
AMOEBA MUSIC
Cahuenga Bl
FREE SHIPPING
AMOEBA.COM

OEBA
Sunset Bl
DO NOT
BLOCK
INTERSECTION
FLYING LOTUS
UNTIL THE QUIET COMES
Coca-Cola

Aymmy
B.G
LOS ANGELES
ROLLER SKATES
CLUB
OPEN
5 Chili Cheese Burger 9.25
6 Bacon Cheese Burger
7 Turkey Burger 8.95
8 Veggie Burger 8.95
13 Fish Filet Sandwich 9.25
14 Fish and Chips 9.50
15 Chicken Caesar Salad 9.25
16 Greek Salad 9.25
Sides
23 Mac 'n Cheese Wedges 6.50
Beverages

AYMMY
AYMMY
Aymmy

Aymmy
2013

NO
PARKING
VEHICLES
OVER 6 FT
HIGH
HERE TO CORNER
ENTER IN ALLEY
CANADA
DRY
AYMMY
BG
AYMMY
BG
AYMMY
BG

High Fidelity
25¢ QUARTERS ONLY
Rock'n' Roll

Direction & Styling : Ayumi Seto
Photographer : Hiroyuki Matsuyama
Design : Yusuke Akasaka (ASOBISYSTEM)
Location : AMOEBA MUSIC / CAFE 50's

2014 SPRING COMING SOON!

Aymmy in the batty girls

瀬戸あゆみ自身がディレクション・デザインを手がけるブランド、
【Aymmy in the batty girls】が 2014 年春夏よりスタート！

彼女自身のファッションのベースにもなっている、アメリカンカルチャーを
ベースにポップとエッジをミックスさせたストリートスタイル。
『エイミー』という架空の女の子のライフスタイルにフォーカスをあて、
等身大のリアルな女の子のファッションやスタイルを表現。

www.aymmy.com

ブランドに関するお問い合わせ：ASOBISYSTEM株式会社　03-3470-0140

ユニコーン刺しゅうシャツ￥14490、チェックタイトスカート￥10290／ともにCandy Stripper　ヒールダンスシューズ￥14000　American Apparel　USEDベルト￥6090／NUDE TRUMP　ウィッグ（ピンクコットンキャンディーボブ）特注非売品／Linea-Storia

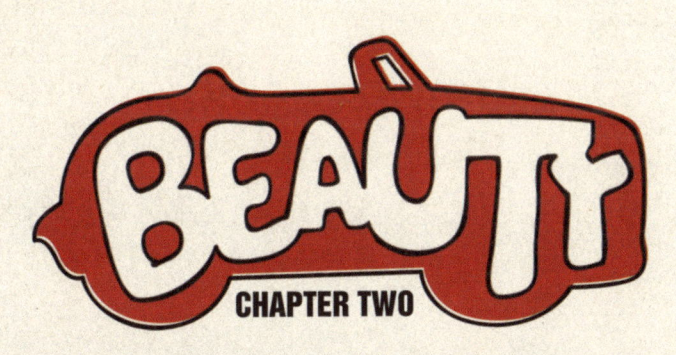

BEAUTY

CHAPTER TWO

誰でも簡単に瀬戸あゆみ FACE になれちゃうメイク講座や、いつも愛用しているポーチやコスメをまるっと大公開！　また、コーディネートに合わせてくるくる自由自在に変わるヘアスタイルやヘアアレンジ、オリジナリティあふれるネイルなどを紹介します。誰ともかぶらない、あゆみならではのビューティーの秘密に迫ってみたよ♪

HOW TO AYUMI's MAKE

Make-up

これであなたもあゆみ顔★

POPさの中にも強さを感じる、あゆみオリジナルのメイクスタイル。コーディネートに合わせてくるくる変わる、あゆみ顔のつくりかたを紹介します。あゆみちゃんの愛用コスメが詰まったポーチの中身ものぞいてみて!

Before

あゆみ顔をつくるPOINT!

1

生まれつきの白肌で、肌もあまり強くないのでベースはかなりシンプルに。すっぴんに近い素肌メイクは、UVカットのポール&ジョーの下地に、ローラ メルシエのお粉をはたくのみ

2

アイラインを長めに引いてキャットeyeを演出。ポイントのビビッドカラーも目尻にのみ。下まつげは、ビューラーでしっかりカール&マスカラ2本使いで長さをしっかり出すよ

3

髪色は明るめが基本なので、まゆげもブリーチしてるよ。ブラウンゴールドのアイブロウでスキマを埋めて、眉尻を描き足すくらい。形はあまり整えすぎないようナチュラルに

4

顔色が悪く見えがちなので明るめチークはマスト!　黒目の下から頬の高い位置に向かって、ラデュレの赤チークを楕円形になるように入れて、子どもっぽい雰囲気をつくる

5

ビビッドなリップも顔色を華やかに見せてくれるので重要なポイント。スティックとペンシルのW使いで立体感を出しつつ、リップラインはぼかしてぽってりしたくちびるに

AMERICAN KIDZ Make

アメリカンキッズメイク

素肌を活かしたすっぴん風のベースに、しっかりデカ目メイクをカラーラインを使って今年らしく進化★
ムラっぽく仕上げたリップと楕円形チークはトレードマーク!

1

UV カットタイプの化粧下地を顔全体に塗り、上からパウダーを ON

2

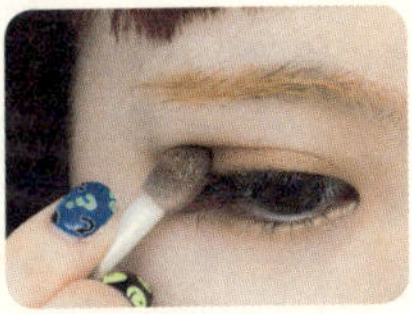

ブラウンゴールドのシャドウを二重の幅より少しだけ広めにのせる

3

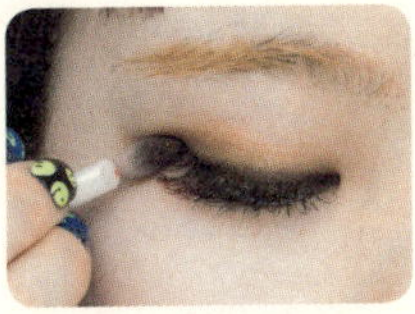

ブラウングレーのシャドウをまぶたのキワ、目頭から目尻まで入れる

4

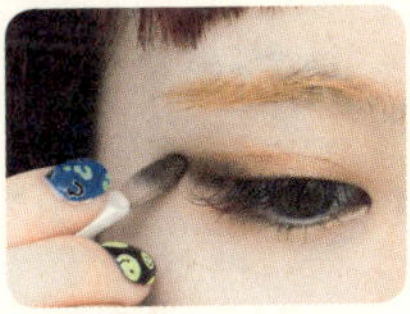

ダークブラウンのシャドウを上まぶたの目尻にハネ上げるように入れる

5

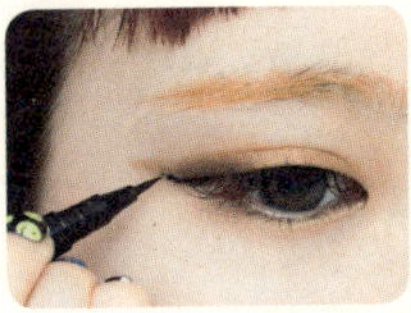

リキッドアイライナーを上まぶたキワから目尻に 5mm はみ出させる

6

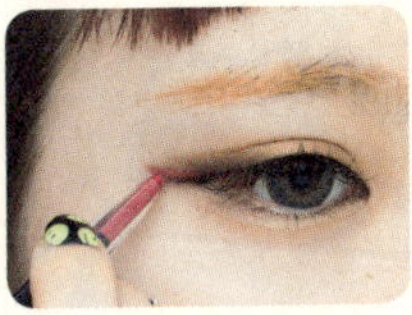

目尻から 1cm ほど長く、黒ラインの上にピンクのアイラインを引く

7

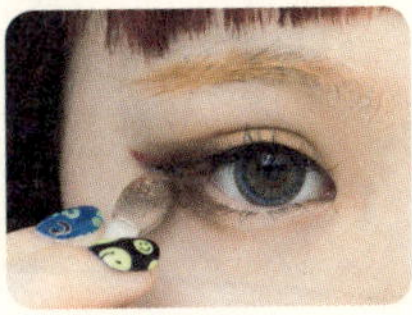

目尻には、明るく見えるゴールドのシャドウを黒目の外側まで

8

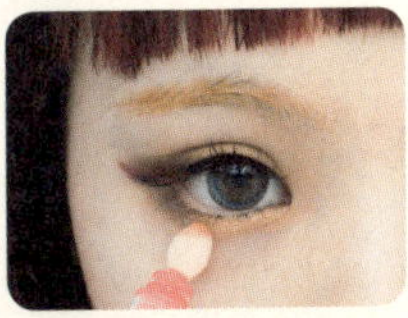

下まぶたには、明るく見えるゴールドのシャドウを黒目の外側まで

9

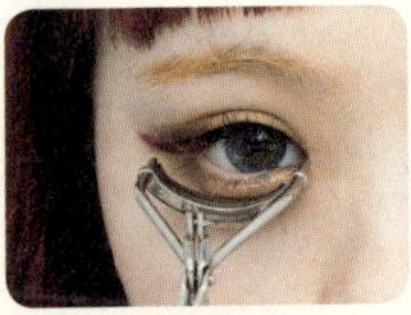

ビューラーを逆手に持って、下まつげもしっかりカールさせる

10

マスカラのブラシの先を使って、下まつげにボリュームと長さを

11

つけまつげを⅓程度カット。目尻より2〜3mm外側にずらしてON

12

まゆはブリーチ済みなのでパウダーアイブロウで眉尻を描き足す

13

コーラの香りのリップでうるおいを与えて口紅のノリを良くする

14

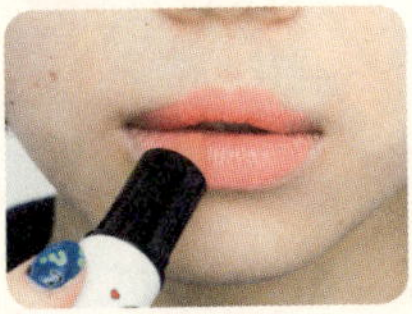

マットな質感のピンクを、リップラインをぼかしながら唇全体に

15

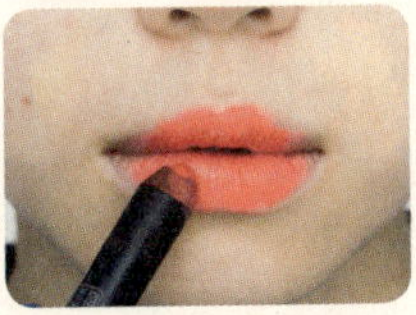

朱色のリップペンシルで唇の上下、中央に色を重ねて立体感を

16

黒目の下から頬の高い部分に向かって楕円形にチークを入れる

GRADATION Make

グラデーションメイク

オレンジブラウンのアイシャドウをベースに、ブラウンのぼかしシャドウで囲み目に。
ブラウンをぼかすことでキツくなりすぎない、やさしい雰囲気の目もとに仕上げるよ!

1

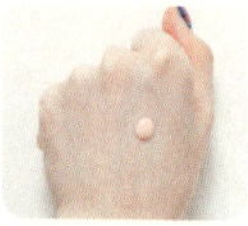

薄づきのリキッドファンデを少量出して、顔全体にムラなくのばす

2

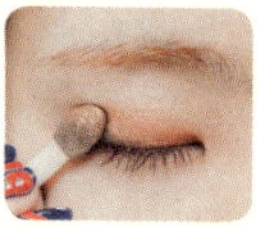

アイホール全体に、オレンジブラウンのアイシャドウを入れる

3

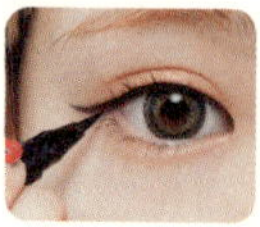

リキッドアイライナーを目尻を長めに入れ、少しだけハネ上げる

4

ブラウンのシャドウでアイラインをぼかすように目尻をV字で囲む

5

ビューラーでカールした後、ロングタイプのマスカラで長さを出す

6

さらにボリュームタイプのマスカラを重ねてくっきりと存在感を

7

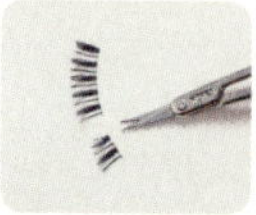

束感のあるつけまつげを、ハサミで1／3くらいにカットする

8

目幅に合わせて、目尻側にはみ出さないようにつけまつげをON

9

すきまを埋める程度に、パウダーで眉尻を描き足してまゆげは完成

10

朱色のチークを、頬の高い部分にふんわりと丸くブラシを使って入れる

11

マットな質感の朱色のリップペンシルで唇の中央だけ濃いめに塗る

12

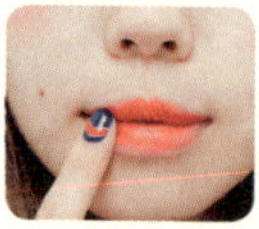

濃いめに塗ったカラーを指でポンポンと塗り広げてムラっぽくする

Peach Orange Make

ピーチオレンジメイク

明るめオレンジブラウンのアイシャドウをグラデ使いして、明るくやさしい印象の目もとに。
チークはピンクとオレンジを目の下ギリギリに重ねて入れてピーチオレンジメイクの完成

1

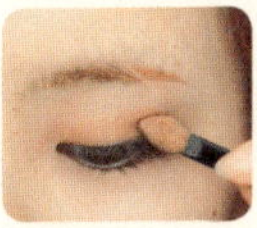

オレンジベージュのアイシャドウを二重幅よりやや広くぼかして

2

ダークブラウンのシャドウを上まつげのキワに入れてベース作りを

3

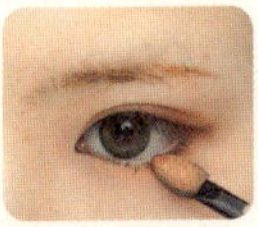

オレンジブラウンのシャドウを目の下に入れてタレ目風。目尻側を太く入れる

4

目頭をパールホワイトでV字に囲み、そのまま黒目の下あたりまで

5

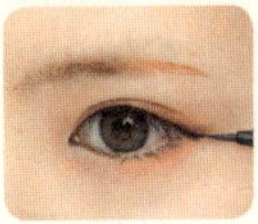

上まぶたキワにラインを。目尻横に長めに伸ばして最後はハネ上げ

6

上下まつげにビューラーをした後、下まつげにのみマスカラW使い

7

マスカラが半乾きの内に、毛抜きで2〜3本をくっつけて束まつげに

8

上まつげの根元にのせるような感覚で、上向きにつけまつげをON!

Eye

Lip

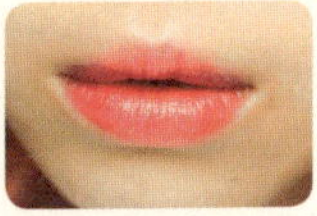

Cheek

ピンクラメでつくるカラフルEYE

茶のアイラインの上に長めに引いたピンクラメでエッジィな印象★

赤茶色ふんわりはなれ目メイク

赤茶グラデで目尻をV字で囲み、タレ目風に仕上げたドールメイク

ハーフ顔のひみつはグリーンの瞳

グリーン×ゴールドブラウン系のカラコンで瞳にヌケ感をつくる

ぽってりボルドーリップでオトナ顔

ボルドーカラーのぼかしリップ＆切れ長EYEでちょっぴりセクシー♥

オレンジカラーのまん丸バンビ目

目頭から入れた明るめシャドウと下まぶたのオレンジラメが愛らしい

ぷっくり涙袋でCUTEフェイス

上まぶたにぼかすようにピンクシャドウをのせてガーリーな目もとに

あゆみのポーチのなかみ

1. レ・メルヴェイユーズラデュレ プレストチークカラー 002【限定品】 真っ赤な色味がお気に入りのチーク。板橋よしえさんとおソロです♥ **2. M·A·C アーチーズガールズスモールアイシャドウ X4【限定品】** アメリカン POP なイラストに引かれてパケ買いしちゃいました! **3. ドド メタリックパレット MTPL-04** 目もとのグラデーションづくりに欠かせないブラウン系シャドウ **4. ケイト デザイニングアイブロウ N EX-4** まゆげはずっとコレ! いつも真ん中のカラーで描き足してます **5. ポール&ジョー プロテクティングファンデーションプライマー 01 SPF39 PA+++** メイクさんのおすすめで愛用中。肌なじみも、伸びも、いい感じ◎ **6. ローラ メルシエ ルースセッティングパウダー トランスルーセント** 粉っぽくなりすぎず、陶器っぽい質感の肌になれるところが好き **7. M・A・C リップスティックベティブライトガールネクストドア【限定品】** 誕生日プレゼントで。ポーチに入ってるだけでテンション上がる♪ **8. リップスマッカーコカコーラ リップ** 味も香りも本物のコーラなの! しっとりして、うるおいもバッチリ! **9. ブルジョワ スィートキス リップ【生産終了品】** ビビッドな発色なので、ネオンカラーコーデの時などにつけるよ **10. メイベリンニューヨーク ウォーターシャイニーミルキーパッションローズ** 濃いめのレッドリップは、かっこいい系のスタイルにハマる! **11. M・A・C リップスティックエンブレイスミー** 最近の服のテンションに合うのは、青味がかったピンクリップ! **12. コージー本舗 スプリングハートリキッドアイライナーブラック** 色が濃いのに、落ちにくい&にじみにくいのでずっと使ってます♪ **13. NARS ベルベットマットリップペンシル 2455** クレヨンタイプの使いやすさに目覚めた1本。マットな色合いが好み **14. ジルスチュアート ヴァニラララストオードパルファンロールオン【限定品】** 部屋の香りも全部バニラで統一するほど、大のバニラ好きなので♥ **15. マジョリカマジョルカ ラッシュエキスパンダーエッジマイスター** 下まつげ用に。ビューラーした後に塗って、長さと硬さを出すよ **16. メイベリン フォルスシーズボリュームエクスプレス WP 291** マジョマジョの後に塗り、太さを出すよ。高校の頃からずっと愛用 **17. 資生堂アイラッシュカーラー 213** こちらも下まつげ用。メイクをはじめた頃からずーっとコレ! **18. M・A・C #7 アイラッシュ** ハサミでカットして、目尻にのみ ON。こちらも長年愛用してます

AYUMI's Hair Arrange

Hair

あゆみのヘアアレンジ★ぜーんぶ見せちゃう!

瀬戸あゆみのオリジナリティあふれるカラーや、スタイリングに合わせて自在にチェンジするアレンジはいつだって完成度が高く、かわいいとの呼び声高し! これまで披露してきたセルフアレンジをたっぷりご紹介しちゃいます♪

NATURAL PERM

ナチュラルパーマ

SIDE

BACK

使ったもの：

☆19mmのカールアイロン
☆ アメピン10本
☆ リボンバレッタ（スタッフ私物）

1

根元から毛先に向かって巻き巻き

19mmの細めカールアイロンで少量の毛束を取り、きつめに巻く

2

カールをほぐしつつ逆毛を立てる

ボリュームを出すため逆毛を立てる。コームではなくブラシを使うのがコツ

3

トップに高さが出るようにねじる

てっぺん近くの毛束をねじって、バランスを見ながらピンで留める

4

お目立ちアクセをつけて完成!

くるくるヘアにはリボンバレッタでネオンなアクセントを付けたよ

ONE CURL BOB

ワンカールボブ

使ったもの：

☆ 32mmの
カールアイロン

太めアイロンでつくる内巻きカール

アイロンで毛先を1回半巻き、2分キープしてしっかりくせづけ!

ONE CURL ARRANGE

ワンカールアレンジ

SIDE

使ったもの：

☆ 32mmの
カールアイロン

☆ クッキーバレッタ
（スタッフ私物）

1

毛先のみワンカール巻いてベースを

それぞれの毛束を均一に内巻きにして、ワンカールボブをつくる

2

簡単かわいいキッズヘアの完成★

耳前に少し毛束を残しつつ片側だけ耳にかけ、バレッタをON♪

FRENCH BRAID
みつ編み

1

トップの髪は編みこみでボリュームを

前髪以外のトップの髪を2つに分け、後頭部に向かって編みこむ

2

左右均等になるよう猫耳風に留める

編みこんだ毛束をゴムでまとめ、ゴムを上に押し上げるようにピンで固定

3

残りの髪はスタンダードなみつ編み

トップ以外の髪をみつ編みしてゴムで結んだ後に、指で編み目を崩す

SIDE

BACK

使ったもの：

☆ アメピン
☆ ヘアゴム

RING BRAID
リングみつ編み

1

耳の上あたりでツインテールを

アレンジのベースになるためツインの位置は高すぎず、低すぎず

2

太めのみつ編みでPOPなイメージ

毛先まで編むと細くなるので、毛先を残して太さをキープできる位置まで編む

3

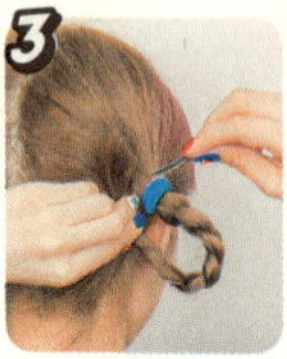

くるんとリングでやんちゃに♪

編み終わったらそのままくるっと丸めて毛先を隠すようにピンで固定

SIDE

BACK

使ったもの：

☆ アメピン
☆ ヘアゴム

PONYTAIL

ポニーテール

1

太めのヘアゴムで高めポニーテール

正面から見て毛束が見えるくらいの高さで、ポニーテールにする

2

毛束を細かく分けてゴムで結んで

ポニーテールを2つに分け、毛先7cmほど残し、細いヘアゴムで結ぶ

3

結んだ毛束の先を外巻きカールに

2で結んだ毛束の先を、19mmのアイロンでワンカールになるよう外巻きに

SIDE

BACK

使ったもの：

☆19mmのカールアイロン
☆ ヘアゴム（太め1本、細め2本）

SUPER LONG TWIN

スーパーロングツイン

BEFORE

超簡単!
セーラームーンヘア♥

高めの位置でツインテールをつくり、部分ウィッグを巻き付けるだけ!

使ったもの：

☆ マジックテープ付き部分ウィッグ（マジックポニーテールゆるLITE）¥1400／Linea-Storia

Ayumi's Hairstyles 10

ゆるウェーブで
簡単アレンジ

前髪以外を毛先を逃して巻いて。キャップSTYLEが女の子っぽく♥

パッツリまゆ上
バングでいさぎよく

最近の定番、激短バング。両耳にかけてフェイスラインをすっきりと

YES!

I LOVE CHANGING AND COLORING HAIR.

ピンクグラデは
シンプルアレンジ

全体を内巻きにカールし片耳にかけ、存在感大のピアスでアクセントを

SPORTY PONYTAIL !!!

'80sなサイド
ポニーテール♪

髪をトップに集めスマイルヘアゴムでまとめて、ヘアバンドで仕上げ

ストリートな
ワッフルロング★

ワッフルアイロンでボリュームパーマ風に。BOYSスタイルと相性◎

**ちびおだんごで
つくるツノヘアー**

トップの髪を高めの位置でツインにし、根元に巻き付けピンで留めるだけ

**クールなリーゼント風
アレンジ**

高い位置でつくったポニーテールを前に持って来てベレーをかぶったよ

**西海岸風の
バンダナリボン♪**

バンダナをあらかじめリボン結びにして、ピンで留めた簡単ヘア

**スポーティーな
ツインテール★**

やや下目の位置でツインにし、毛先をくるんと巻いてひと工夫♪

MY HAIR IS
LIKE "KOKESHI".
VERY SHORT BANGS!
IT'S JAPANESE
WOODEN DOLL.

**あこがれの黒髪
ボブをウィッグで**

一度はやってみたい大胆ヘアもウィッグなら簡単に叶うのがうれしい!

Nail

Fun! Nail

いつもかわいいと評判のあゆみ流ジェルネイル。信頼するネイリストのなかやまちえこさんの元へ、自分で配色やデザインを考えて持って行き完成させてもらってるよ★　ここでは、これまでに披露してきたネイルを大公開!

POPなカラーでマックのキャラを書いてもらいました! 人差し指と薬指のフライボーイ&フライガールが好き

McDonald's Nail

AYUMI'S NAIL COLLECTION

アメリカンダイナーネイル

かなり初期の頃にやったネイル。好物のハンバーガーやポテト、親指にはダイナーのウェイトレスもいるの♥

BATMAN ヒーロー&ヒール

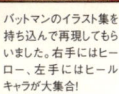

バットマンのイラスト集を持ち込んで再現してもらいました。右手にはヒーロー、左手にはヒールキャラが大集合!

LEGO カフェネイル★

LEGOランドの中にあるLEGOカフェがツボすぎたので、ネイルにしちゃいました。ブロック風の文字も再現

ROCKなロカビリーネイル

ロカビリーなファッションにハマっていた時期のネイル。タトゥー柄やブロックチェックを混ぜたのがポイント

My 19th バースデーネイル

19才のバースデー記念に。アイス、コーラ、ロックなど、大好きなモチーフだけを並べた思い出深いネイル

アメリカンチアガールネイル

スクールガールなコーデにはまってた時期に。アルファベットのレタードやラインの入れ方、★でチアっぽく

ゴーストバスターズネイル

映画を観た次の日にソッコーでやってもらった思い出が（笑）。ネオングリーンのドロドロも足してもらいました

HARIBO 3Dベアネイル

HARIBOグミのぷにぷに感を再現するため、めったにやらない3Dネイルに挑戦。かなりお気に入りです

ミュータント・タートルズネイル

タートルズも大好きなキャラの1つ。キャラクターとロゴに、タートルズたちの好物であるピザも入れたよ!

カラフルM&M'sネイル

すべて表情の違う5人のキャラが10本の指それぞれにいるんだよ。機会があったらまたやってみたいな～

LAZY OAF インスパイアネイル

LAZY OAFの世界観にインスパイアされたデザイン。親指は、アメキャラのマイペットモンスター!

ロイ・リキテンシュタインネイル

大好きなアメリカンポップアートを代表する画家、ロイ・リキテンシュタインへのリスペクトを込めて♥

ホラー×KIDZ MIX ネイル

チュッパチャプスやM&M'sなどのPOPなKIDZ感と、人形の頭や血など、ホラーな要素をMIXしてみた!

SPECIAL INTERVIEW

板橋よしえ×瀬戸あゆみ

あゆみちゃんが“イトコのお姉さん”のように信頼し尊敬しているという、Candy Stripper デザイナー・板橋よしえさん。お互いの第一印象から、仲良くなった経緯などを中心に、２人でおしゃべりしてる時のようにRelaxしてトークしていただきました♪

NEVER DESPAIR BLOCK CHECK GOWN ¥18690、BOUNCE BACK BORDER ONE-PIECE ¥11340、BOUNCE BACK CANDY KNIT CAP ¥5775、STUPID SMILE SHORT SOCKS ¥1575／すべてCandy Stripper

姉妹というより、イトコ？　２人の親密なカンケイ！

瀬戸あゆみ（以下、あゆみ）「ずっとCandy Stripperが好きだったから、初めて展示会に招待してもらってよしえさんとお会いした時は本当にドキドキしたことを覚えてます」

板橋よしえ（以下、板橋）「私はあゆのことはZipperで見て知っていて、かわいい子だなあって思ってた！　すごく元気なイメージがあったんだけど、話してみると、自分の考えていることを自分の言葉できちんと表現できる女の子で。見た目と全然違ってとても落ち着いていて、ビックリしたよ（笑）」

あゆみ「よく言われます（笑）。よしえさんは中学の頃から憧れの方だったから、もしも怖かったりしたらどうしようって正直思ってました（笑）。でも、実際は女神のような、聖母マリアのような優しい方で。その時に、ごはんに誘ってくださったんですよね。一緒にオムライス食べに行きましたよね？」

板橋「行ったね！　初めてのごはん会にもかかわらず、恋の話から、友達、家族のこと、色々と話してくれてうれしかった。深い話をするうちにあゆの想いが溢れて涙が止まらなくなっちゃって、私も一緒になってもらい泣きしちゃった」

あゆみ「そんなこともありました…。親身になって優しくしてくれるので、自分の中でもやもやしてることをよしえさんには話したいなっていう気持ちが自然と芽生えてきて。初回からけっこうディープな相談などもさせてもらっちゃいました」

板橋「なんでも素直に話してくれるから、自然と姉みたいな気持ちに♡　それ以来、よくごはんに行くようになったんだよね！」

あゆみ「はい。よしえさんには、将来の話、仕事の話、恋愛の話、たくさん聞いてもらってるんですけど、返って来る言葉が本当にいつも的確なんです。特にAymmyの立ち上げにあたって相談する時は、大先輩であるよしえさんが経験に基づいた話をいっぱいしてくれるので。悪い大人にだまされちゃダメだよ、とか（笑）」

板橋「いろんな話があるからね（笑）。あゆにアドバイスする時はいつも、私自身がブランドのデザイナーであるっていうことは一旦置いておいて、“あゆの立場になって考える”ということを一番大事にしてる。メリットとデメリットをわかりやすく説明することで、あゆが想像しやすいように、選択しやすいように話をしてるかな。あくまでも、最後はあゆ自身が決めるべきことだから、私の意見を押し付けないようにしているよ」

あゆみ「すぐに迷ったり悩んだりしちゃうんですけど、私にも理解出来るようわかりやすく解説してくれるし、よしえさんは本当に愛情深い方です。そうだ、展示会で泣いちゃったこともありましたよね（笑）。ちょうど悩んでる時期に『私はただあゆのことが好きだから

SPECIAL INTERVIEW

言ってるんだよ』って言葉をもらえた時に救われた気がして。誰を信じて良いのかわからなくなってたから…。やばい、思い出したらまた泣きそうだ(笑)」

板橋「私も20才の時にブランドを立ち上げたんだけど、信じてはだまされてっていう経験を何度もしたから人を見る目は培われたと思うんだ。あゆは、人に対してとても誠実でいつも一生懸命だから、なんだか放っておけないんだよね（笑）。がんばって夢を叶えて欲しい!って心から思うから、あゆに対して私が力になれることがあるなら、何も惜しむ物はないんだよ」

あゆみ「もう、また泣いちゃうからやめてください～!」

板橋「ふふ。4年くらい見守っているけど、あゆは優しいが故に迷いすぎちゃうところがあるよね」

あゆみ「仕事もプライベートも押しに弱いタイプなので、グイグイ来られるとそうなのかも～って付いて行っちゃいそうになるんですけど（笑）、最近は一度よしえさんに相談してみようって、踏みとどまれるようになりました!」

板橋「良かった(笑)。あゆは話した言葉をちゃんと次に生かしてくれるから、相談に乗りがいがあるよ。ところで、いよいよAymmyがデビューだね」

あゆみ「そうなんです!　いま（※対談収録時）はデザイン画を毎日終電まで描きまくる毎日です」

板橋「ブランド資料を見せてもらったけど、あゆから話に聞いてた通りの世界観になっているなって思ったよ」

あゆみ「私、大丈夫ですかね…?」

板橋「これからたくさん悩んだりするだろうけど、芯の強い、頑張り屋さんのあゆなら大丈夫だと思う。今は、展開していくスピードが速すぎて大変だと思うけど、その中でちゃんとブレない自分でいれるように常にビジョンを大切にしてね。本格始動するとさらに怒濤の日々が待っているから、よりスタッフとのチームワーク作りが大事になってくると思うよ」

あゆみ「肝に銘じます。今日は対談のはずが、結局相談に乗ってもらっちゃいましたね…」

板橋「そうだね、いつもの感じ（笑）。あゆと同じ20才の頃、毎日刺激を与えてくれる大好きな町、“原宿”にCandy Stripperの路面店を出すことが私の夢だった。3年後にその夢が叶ったとき、“この場所から、ずっと、わくわくするようなお洋服を作り続けること”が私の夢になった。だから、私にとって原宿のお店はかけがえのない原点。そんな大切な場所“原宿”であゆがブランドを立ち上げて、ファッション、そして原宿を盛り上げてくれることは私にとってとってもうれしい、楽しみなことだよ」

あゆみ「いつかはCandy Stripperみたいに、原宿に路面店を出すのが目標なのでがんばります!以前は、自分にはそんなのまだ早いって思ってたんですけど、いざAymmyが始まってみたら、なるべく早く、実現させたいと思ってます」

板橋「頼もしい(笑)。あゆ、素敵なデザイナーになってね!」

SHOP INFO

Candy Stripper HARAJUKU
東京都渋谷区神宮前4-26-27 1F
☎03-5770-2200
㊮11:00-20:00

MEMORIES OF AYUMI&YOSHIE

出会ってから3年になる2人のフォトヒストリーを板橋さんのコメント付きでお届け！

「あゆみちゃんが初めて訪れたCandy Stripperの展示会で運命の出会い」

「展示会の数日後に開催された、はじめてのごはん会」

「バンタンデザイン研究所のCandy Stripperデザイナー講演会にてあゆみちゃんがゲストで登場」

「3月に展示会に来てくれたときの写真。あゆみちゃんの誕生日だったのでケーキでお祝い中」

「3ヶ月に1度開催される、あゆみちゃん&マネージャーさん×Candyチームでのごはん会」

「6月に行われたCandy Stripper最新の展示会にてパチリ」

USEDスーパーマンTシャツ¥3045／G2?　チェックスカート¥4800／American Apparel　めがね¥997／文化屋雑貨店原宿通り店　USEDシューズ¥14490／KINSELLA　ソックス／スタイリスト私物　ウィッグ（クラシカルシュガーボブ）¥3850／Linea-Storia

CHAPTER THREE

PRIVATE

本邦初公開の秘蔵写真や、こだわりのつまったお部屋、インスピレーションの源になっている数々のカルチャー作品、夢のハンバーガー企画、仲良しグループ SATURDAYS のトークなど、あゆみの素顔にいろんな角度から迫っていくよ★
また、心の内側を少しだけ見せてくれたインタビューも収録！　雑誌やブログだけではわからない“本当の瀬戸あゆみ”がここにいるかも♥

HISTORY OF AYUMI

赤ちゃん時代から読モデビューまで、
20才のあゆみちゃんのこれまでの人生の記録をダイジェストでプレイバック！

Baby

1993年、あゆみ誕生

生まれた時から
色白さん♥

「色の白さはパパ譲り。小さい頃からお水に入るのを嫌がらない子だったみたいで、1才からベビースイミングをやっていたよ」

「夜泣きもせずよく寝る子だった赤ちゃん時代。あと、カメラを向けられたらよく笑う子だったみたい」

カメラを向けると
ニコニコ笑顔！

Childhood

3才〜5才

やんちゃな幼少期

ウィンクに
ハマり中☆

変顔も
お手のもの！

「もとはひとりっこで人見知りだけど、身内の前ではウィンクや変顔にハマったりしてかなりひょうきんな子でした。七五三の時は着物も化粧も本当にイヤで、早く帰りたかった記憶が…(笑)」

「大人だけに囲まれていたので、幼稚園は戸惑いだらけの日々でした。4才のときには初恋もしたよ」

「当時はママの趣味でガーリーな服だったけど、このベースボールシャツは今のファッションと通じるものがあるかも」

こんなおふざけ
ポーズも

終始不機嫌な
七五三

6才〜7才

Kids

遊びまくった小学生時代

「小学2年生で人生初のモテ期到来。5〜6人から告白されてた!! でも、もちろん付き合うとかではなく、かわいい関係でした」

ピカピカの1年生♪

「ランドセルが届いたので記念に。あんま興味なさそうな顔…(笑)」

人生で一番色黒な時期

「夏休みで毎日プールや海に通った結果、今までにない黒さに!」

高校生活 Highschool

16才〜18才

高校生と読モ 2つの生活を満喫

修学旅行で沖縄へGO☆

「沖縄の空港で仲良しグループの友達と。美ら海水族館がすごかったなぁ」

おしゃれが大好きな高校生

「全校おしゃれランキング1位に選ばれた時の写真。日頃のアンケートだったから嬉しかった!」

Dokumo 読モLIFE

AMOとハロウィンコス!

イベントで北海道ツアーへ

「学生生活の傍ら、16才からZipperで読モ生活をスタート。様々なイベントや撮影を通じて、読モ仲間とも遊ぶようになったよ」

卒業式ははんなり着物で

「無事高校を卒業! あえて選んだ着物スタイルは大好きな赤」

Zipper 2013年4月号別冊付録「瀬戸あゆみパーフェクトBOOK」 撮影/奥本昭久

HISTORY OF AYUMI

読モ編

貴重なサロモ時代から大人気パチパチズへ飛躍をとげた、
瀬戸あゆみの読モヒストリー。歴代のファッションもまるわかり☆

2009

サロモとして初の雑誌デビュー

「街で美容師さんにハントされて、初めて雑誌に出ることに。最初だったのでなすがまま(笑)」

+ING 31号「boy u」撮影／YossY

7月にZipper初登場!

Zipper 2009年7月号「街の可愛い子1000人のコレが流行ってます!宣言」撮影／芝崎テツジ

「リアルZipper読者だったから、声を掛けられた時はビックリした! パステルをよく着てたなぁ」

登場後2カ月で特集が

Zipper 2009年10月号「Cawaii通信」 撮影／志賀俊明

「連載ページで初めて自分のページを担当。ALL私服だったんだけど、POP好きは相変わらず」

2010

Zipper 2010年1月号「おしゃれGIRLSたちのお買い物白書」 撮影／奥本昭久

「撮影で色んな服に触れて、自分の好きなものを模索していた時代。ROCK好きを自覚して、スタッズやバンTを買いあさるように」

Zipper 2010年9月号「あたしのスニーカーハンティング」 撮影／阿部ちづる

Zipper 2010年7月号「セットでおトク★夏さきどり通販」 撮影／阿部ちづる

デニム大好き期

「ボーイッシュなものに惹かれて、無意識のうちにデニムを選んでた。中でもシャツは定番」

Zipper 2010年8月号「夏の着こなしANSWER」 撮影／阿部ちづる

頭にバンダナ期

「この時期はバンダナが大好きで、かなりの確率でつけてる! 頭のみならず首にもつけてたよ」

Zipper 2010年7月号「真夏の着回し大作戦」 撮影／津田聡

Zipper 2010年9月号「辛ファッション着こなし」 撮影／奥本昭久

再びAYUMI特集

「赤ベレー+フルーツピアス+柄タイツ+厚底の、元祖瀬戸スタイルを取り上げてもらいました。背景がかわいくてアガった!」

Zipper 2010年10月号「パチパチPRESS」 撮影／アシザワシュウ

「背が低いのを生かせた企画(笑)! このコーデがアンケート1位になってたと聞いてうれしかった♪」

チビッコの代表に

Zipper 2010年11月号「ミニーちゃんとノッポさんの秋コーデLESSON」 撮影／奥本昭久

2011

赤×黒
チェリー期

Zipper 2010年11月号「最新&最速のHITアイテム50&着こなし100 LOOKS!!」撮影／阿部ちづる

Zipper 2010年10月号「パチパチズ10人に聞きました 夏のコーデ」撮影／阿部ちづる

「ファッションのジャンル分けが出来てきたころ。ロカビリーが好きで赤と黒をよく着てました」

単独特集が組まれる人気者に!

Zipper 2011年3月号「SETO'S KIDSコーデのススメ」 撮影／奥本昭久

「最初は私でいいのか戸惑ったけど、たくさんコーデを組めたし、凝った撮影で思い出深いです」

単独BOOKが付録に!

Zipper 2013年4月号別冊付録「瀬戸あゆみパーフェクトBOOK」 撮影／アシザワシュウ

「初の単独パーフェクトBOOK! 映画の主人公になりきって撮影したり、お気に入りのダイナーで撮影したり。全部の写真が特別で大好きな1冊です!」

2012

おしゃれ四天王へ

Zipper 2012年9月号「おしゃれ四天王の着まわし夏→秋」 撮影／阿部ちづる

「30日分の着まわしを組んだので、達成感でいっぱい! ネオンカラーとか柄×柄がブームでした」

AYURAで活躍

Zipper 2012年3月号「原宿系15ブランド 春の新作COLLECTION」 撮影／tAiki

「初のAYURA撮影。ゆらは初めての年下のパチパチズだったので不思議だったけど、その後仲良しに☆」

瀬戸特集がいっぱい

Zipper 2012年7月号「瀬戸あゆみのノースリスタイル Hot Hot Hot」 撮影／阿部ちづる

「ダイナーでのロケがすごく楽しかった。このときは薄着の気分だったのでコーデを組むのも楽しかった♪」

2013

Zipper 2013年 6月号「祝Zipper20周年!! パチパチズ全員集合—!!」 撮影／アシザワシュウ

「創刊20周年のためにパチパチズ全員でPartyコーデで集合して、記念撮影をしたよ!」

Zipper 20周年記念!

AYUMI's ROOM

アメリカンキッズが住んでいそうな、カラフルポップなインテリアがお好みのあゆみちゃん。ナニゲに家具にもこだわってます♪

BEDROOM

ベッドルームもアメリカンなキャラまみれ

「窓の上にはGarbage Pail Kidsという、ちょっとブラックなこどものキャラのポスターが。見つけたら即買いしてる!」

カラフルな夢が見られそうなKidzベッド

「ハンバーガーのクッションはいただきもの。壁のポスターたちは、アメリカで買ったり、雑誌の切り抜きだったり」

CLOSET

ベティ・ブープが洋服を守ってくれてます

「大量のお洋服たちはクローゼットにぎゅぎゅっと収納! どんどん増えていくからたまにやるフリマで放出!」

TOILET

どんな時も大好きなものに囲まれていたい!

「ずらりと並べたPEZは、ファンの方にプレゼントしていただいたものがほとんど。もっと集めたいな〜!」

LIVING

家具はブルーやレッドが映える白で統一★

「本当は壁を真っ赤に塗りたいんだけど、ガマンガマン。棚の上にも、たくさんのおもちゃが置いてあります」

KITCHEN

生活感はなるべく出さないよう、ひと工夫♪

「調理器具はポップコーン入れに。ソルト&ペッパーケースはLEGOだよ。見せたくないものは全て棚に収納!」

あゆみのこだわりポイント

とにかくアメリカン!

壁はポスターを貼るためにある!

レッド ブルー イエローがキーカラー!

白い棚に好きなアイテムを飾る!

Zipperにも登場！

2010.12

ガーリールームに住んでた時代もありました

「実家のお部屋は、当時大好きだったピンクをキーカラーにした女の子っぽいテイスト。カーテンはアニマル柄、床には小花柄♡」

Zipper2010年12月号
「パチパチズのお部屋WATCHING」
撮影／津田聡

2011.4

POPでシンプルなアメリカンKIDZルーム

「はじめての1人暮らし部屋を、Zipperの企画で変身！　ここにKIDZ感をプラスして、さらに進化させたのが今のお部屋です」

Zipper2011年4月号
「おしゃれビトのお部屋紹介」
撮影／津田聡

AMEKYARA《アメキャラ》大好き！

LOVE

アメリカに行った時に見つけたジョーカーの等身大パネルにひとめぼれ♡　大きかったけど、今では家のリビングにいてくれてます♡

スパイダーマンモービル

「原宿のSPIRALで見つけた、スパイダーマン仕様のラジコン。パッケージもかわいい鑑賞用だから、一度も走らせたことはないの」

アンティークなドナルド

「マクドナルドのキャラも大好き！ファニーな表情のドナルドは、福生にあるおもちゃ屋さんでゲット。いつもベッドルームにいます」

親近感のあるチャッキー

「スピンズで見つけた掘り出し物。リビングに飾ってるよ。去年のハロウィンもなりきったほど、好きなキャラ。私に似てる…?!」

コカ・コーラダイナー

「プレゼントでいただいた、コカ・コーラダイナーの模型。細かいディテールまで凝っていて、その完成度にほれぼれしちゃう～♪」

ベティちゃんがお出迎え

「ヴィレッジヴァンガードで買ったウェイトレスのコスチュームがお似合いのベティ。玄関にいて、毎日お出迎えしてくれてるよ♡」

かわいいキャスパー♡

「玄関のおもちゃコーナーにいるキュートなキャスパーは、ヴィレッジヴァンガードで購入。イタズラっこな表情がたまらなくツボ」

レアなハンバーグラー

「これもプレゼントでいただいたもの。イラストのハンバーグラーよりも、ちょっと太めなのがかわいい（笑）。この子も玄関にいるよ」

インテリア・クロック

「家にいる時も、iPhoneでしか時計を見ないので、本来の役目を果たしていないんだけど…（笑）。テレビの横に置いてあります」

AYUMI'S CULTU

MOVIE

映画、本、マンガ、音楽、瀬戸あゆみの頭の中が
ちょっと覗けるおすすめのカルチャー作品を教えてもらったよ。
自称・優柔不断な本人が頭を悩ませながらセレクト！

『Rock'n Roll High School』

『ロックンロール・ハイスクール HD ニューマスター／爆破エディション』DVD ／キングレコード／ ¥3800

「アメリカン・カルチャーを好きになるきっかけとなった映画。手に取った理由も思い出せないほど、たまたま手にした作品にここまで影響を受けるとは思ってなかった」

『Cry-Baby』

『クライ・ベイビー スペシャル・エディション』DVD ／ジェネオン・ユニバーサル・エンターテイメント／¥1429

「レンタルショップで偶然出会った作品。参考になるコーデも出て来たりと、ファッションの勉強にもなる！ ちなみにP14の金髪の女の子は、この映画のワンダをイメージ！」

『GREASE』

『グリース スペシャル エディション』DVD ／パラマウント・ホーム・エンタテインメント・ジャパン／¥1429

「海外の女の子がブログで紹介していて、ビジュアルに惹かれて。ベタなアメリカって感じで、おバカなんだけど、そこがいい！ P56は、これに出てくるフレンチーになりきり！」

『GHOST WORLD』

『ゴーストワールド』DVD ／角川映画／¥1800

「TSUTAYAでPOPを見て借りてみたら、意外とディープな内容で色々と考えさせられました。P76でイーニドのコスプレしてるけど、彼女に共感はできません(笑)」

『American Graffiti』

『アメリカン・グラフィティ（復刻版）』DVD ／ジェネオン・ユニバーサル・エンターテイメント／¥1886

「60年代アメリカのファッションやカルチャーを感じられる映画。内容というより、全体的なビジュアルが好き。中でも、デビーのファッションが本当にかわいい♡」

カルチャーガールあゆみのひきだし

RE QUEST

『LEON』

『レオン 完全版』DVD ／角川書店／¥1219

「マチルダの髪型も服装もかわいい! ボブにしたのもこれの影響。自分も年上好きなのでオジサンと少女の組み合わせに目がなくて。レオンとマチルダの関係性がたまらない!」

『Party monster』

『パーティ★モンスター』DVD ／バップ／¥4800

「この映画に出てるマコーレー・カルキンくんの顔がむちゃくちゃタイプ♡ 画面いっぱいに広がるカラフルなファッションも◎。90年代のニューヨークの雰囲気が味わえます」

『青い春』

『青い春』DVD ／本人私物

「TSUTAYA でバイトしてた時に、同僚におススメされて観たのがきっかけ。松田龍平さんファンになったのも、この作品から。今でも日本人の俳優さんでは 1 番好きです♡」

©2004 RockWell Eyes・H&A Project

『花とアリス』

『花とアリス』DVD ／アミューズソフトエンタテインメント／¥4800

「これも TSUTAYAでのバイト時代に。基本キュンキュンくる映画が好みなんですけど、これはすごいキタ! 現実的ではあり得ないかもしれないけど、かわいい世界観」

『桐島、部活やめるってよ』

『桐島、部活やめるってよ』DVD2 枚組／バップ／¥3500

「高校時代のことをあれこれ思い出しながら見入っちゃいました。桐島、いつ出てくるのかな〜ってハラハラしたりしながら。1 番共感できたのは、映画オタク役の神木くん」

BOOK

『ぶらんこ乗り』
いしいしんじ／新潮文庫／¥546

「最近はなかなか読めてないけど、中学の時はすごい読書家で。その頃に、当時憧れてた人がおススメしてて読んだ作品。読みやすいのに、内容は深くて、すごく考えさせられた」

『超訳
ニーチェの言葉』
白取春彦／ディスカヴァー・トゥエンティワン／¥1785

「高2の時に、veticaのスタッフさんに悩み相談をしたら、薦めてくれたのがこの１冊。ここに出てくる言葉に救われた記憶はたくさんあります」

『別冊 Lightning
122 Daily U.S.A.
アメリカの日用品図鑑』
エイ出版社／¥1260

「アメリカの家庭で使われている、何でもないような日用品がひたすら並んでいるだけなんですけど、眺めているだけで楽しいアメリカンカルチャーがぎゅっと詰まった雑誌です」

『チルドレン』
伊坂幸太郎／講談社文庫／¥620

「これがきっかけでミステリーに目覚めて、宮部みゆきや東野圭吾も読むように。リアリティがなさすぎるとダメなんですけど、ストーリーも明快で、ワクワクする感じが好き」

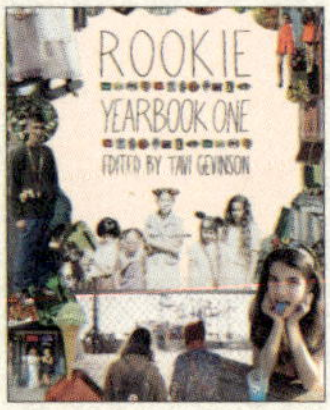

『ROOKIE
YEARBOOK ONE』
Tavi Gevinson／本人私物

「Taviちゃんブログの愛読者です♪　映画に出てくる女の子みたいな、世界観のあるライフスタイルもおしゃれ。服の系統は違うんだけど、ひそかに憧れてます」

COMIC

『ご近所物語』
矢沢あい／集英社りぼんマスコットコミックス／¥410

「実果子ちゃんが大好きなんですけど、性格や見た目が似てると言われた時はうれしかった♡　男の子キャラの中では、ツトムくんが好き」

『天使なんかじゃない』
矢沢あい／集英社りぼんマスコットコミックス／¥410

「いつ読んでもキュンキュンしちゃいます♡　翠ちゃんの一途なところも良いんだけど、私は晃よりケンちゃん派。やさしいし、見た目も理想的!」

『NANA』
矢沢あい／集英社りぼんマスコットコミックス／¥410

「少女マンガって、女の子や恋愛のきれいな部分しか描かない作品も多い中、ハチの弱いところ、ダメなところもきちんと描かれてるのが魅力。続きを首を長くして待ってます!」

『NARUTO-ナルト-』
岸本斉史／集英社ジャンプ・コミックス／¥410

「元々は少年マンガのオタクだったので、今でも少年マンガ好き。アニメもコード・ギアスやエヴァが好きだったりします。NARUTOでは、うちはサスケくんのファン」

『ギャグマンガ日和
増田こうすけ劇場』
増田こうすけ／集英社ジャンプ・コミックス／¥410

「小さい時にアニメでやっていたのを観ていて、コミックスも読むように。淡々とした絵のキャラたちが起こすシュールな笑いが好きで、クスクスしながら読んじゃいます」

AYUMI'S CULTURE QUEST

Music

『GEAR BLUES』
THEE MICHELLE GUN ELEPHANT
日本コロムビア／¥2625

「永遠の憧れ、チバユウスケさんを知るきっかけになった作品。TSUTAYAのバイト時代に教えてもらって、はじめて聴いた時にガツン！と来て、以来チバさんの歌声や歌詞の世界観のトリコ。

『MOTEL RADIO SiXTY SiX』
The Birthday
UNIVERSAL MUSIC JAPAN ／¥1800

「このアルバムに収録されている『カレンダーガール』という曲が大好き。『自分を表す曲と言えば?』と、もし誰かに聞かれたらこの曲を挙げると思う。切ない歌詞の、ステキな曲です」

『Get Born』
JET
WARNER MUSIC JAPAN ／¥2608

「これもTSUTAYA時代に、年上の同僚に薦められて。その人にはフランツ・フェルディナントやストロークスも教えてもらいました。テンション上げたい時に聴きます」

『ROCKET TO RUSSIA+5』
The Ramones
WARNER MUSIC JAPAN ／¥1800

「『ロックンロール・ハイスクール』の中で流れてでかっこいいな～と思い、気になって自分で調べました。楽しい気持ちになれるので、イヤホンで、爆音で聴くことが多いかも」

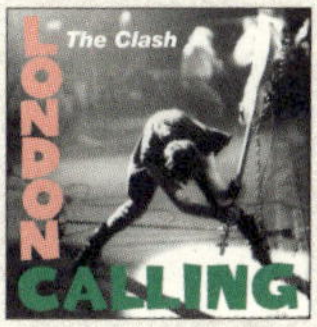

『LONDON CALLING』
The Clash
本人私物

「音楽にくわしい友達に、『瀬戸はきっと好きだと思うよ～』と薦められて聴いてみたら好きになった人たち。由緒正しいロンドンパンクといった感じで、スッキリした気分になる!」

TV Show

©2012,2013 テレビ朝日

「さまぁ～ず ×さまぁ～ず」
『さまぁ～ず×さまぁ～ず Blu-ray BOX［⑱⑲+特典 DISC］』
アニプレックス／¥8600

「さまぁ～ずさんのことは、なぜ好きになったのかきっかけも思い出せないくらい、気づいた時にはファンでした♡ DVD が出たら絶対に買っちゃうのは、さまぁ～ずさんくらい!」

©2013 TV TOKYO

「モヤモヤさまぁ～ず」
『モヤモヤさまぁ～ず２大江アナ卒業記念スペシャル　鎌倉&ニューヨーク ディレクターズカット版』
アニプレックス／¥2800

「さまぁ～ずさんの番組は、TVをあまり付けない私が欠かさず観ようと試みる唯一のもの（見逃したとしてもDVD買うから大丈夫なんですけど笑）。最高の癒しです!」

「glee」
『glee ／グリー　シーズン1〈SEASON コンパクト・ボックス〉』
20 世紀フォックス・ホーム・エンターテインメント・ジャパン／¥4752

「Una ちゃんのおススメで。音楽がいっぱいなのと、曲が今っぽくわかりやすく訳されているところと、登場人物たちのドタバタな恋愛模様が観ていて楽しい♪」

※p 84-87 の DVD 表示価格については、すべて税抜き価格、その他はすべて税込み価格です。（2013 年 10 月現在）

BURGER My Love!!

愛しのハンバーガー

あゆみちゃんが愛してやまないもの、それはハンバーガー！　バーガー店めぐりはもはや日課ともいえます。
好きが高じて、ついにオリジナル商品の開発にまで携わることに！　その魅力をバーガーホリック・あゆみがご紹介★

順位を決めるのは難しいけど、駒沢のAS CLASSICS DINERはハンバーガーの概念がくつがえります!

Day 1 AS CLASSICS DINER

原宿にあるTHEアメリカン！なハンバーガーショップ。事務所も近いので、ついつい足が向いちゃう

Day 2 THE GREAT BURGER

人形町と少し遠いので、なかなか行けなかったBROZERS'。念願のバーガーはレタスが本当にシャキシャキで感激!

Day 3 BROZERS'

三茶にもお店があるんだけど、六本木店もまた違った雰囲気で落ち着く〜! メニューも微妙に違うんだよ

Day 4 Baker Bounce 六本木店

ハンバーガーの名前が個性的すぎ! スタッフさんがバンドマンらしく、今度ライブを観に行く約束をしました♪

Day 5 W.P GOLD BURGER

渋谷と恵比寿の間くらいにある隠れ家的なお店。最初はたどり着くのに苦労したけど、行って良かったと思える!

Day 6 Reg-On Diner

よしえさんと茜ちゃんと不定期で開催しているハンバーガー会にて。2人とも、おいしいと言ってくれたよ♪

Day 7 Burger Mania Shirokane

日々、新しいお店を開拓! ここもネットで見つけたよ。東日本ハンバーガー協会のHPは必ずチェックしてる!

Day 8 GRILL BURGER CLUB SASA

Day 9 Village Vanguard DINER吉祥寺

ヴィレッジヴァンガードダイナーも大好きなお店だったから、今回のコラボのお話は本当にうれしかったの

Day 10 Village Vanguard DINER下北沢

バーガー好きの方に聞いて、福生まで食べに行きました! 特別にチーズバーガーにパイナップルをトッピング★

Day 10 DEMODE DINER

ここも事務所に近いので、マネージャーさん達とよく行きます。バーガーはもちろん、パンケーキもおいしいよ!

Day 11 BROOKLYN PANCAKE HOUSE

原宿で友だちと遊ぶ時は、ここに行く率高し。ベイクドアップルやグリルドパインなど、フルーツ系がおススメ

Day 12 Hohokam

ここでしか見たことのないブロッコリーチーズバーガー! 味も完ぺきに計算されていて、すぐにでもまた行きたい♪

Day 13 Authentic

Aymmyの撮影でアメリカに行って、本場のハンバーガーを食べまくり! ボリューム、はんぱなかった〜!

Day 15〜20 L.A.

Collaboration!!

瀬戸あゆみ×ヴィレッジヴァンガードダイナー
夢のコラボバーガー企画

チェリーボムバーガー

CHERRY BOMB BURGER

BY AYUMI SETO

チェリーの甘みとお肉、クリームチーズの相性は◎!

「ヴィレッジヴァンガードさんとお仕事をさせていただいた時にハンバーガーの話をしていたら、私のバーガー愛が伝わったみたいで、ダイナーの方を紹介してくれたんです。でも、まさか実現するとは思ってなかったので本当にうれしかったです!」試行錯誤の末に(その模様は右ページで)出来上がったのがクリームチーズとブルーチーズのソースの上にチェリーがのったジューシーなバーガー。「元々フルーツの入ったバーガーが大好きな私。定番のマッシュルームバーガーと迷ったんですが、思い切って冒険しました! 隠し味にトマトも加えています。お肉の旨みがしっかりしているので、デザート感覚ではないおいしさ! ぜひ挑戦してみてください★」

アメリカンチェリーを贅沢に10個のせたボリューム満点のバーガー

MENU : CHERRY BOMB BURGER《チェリーボムバーガー》 by AYUMI SETO ¥1200(+tax)

ヴィレッジヴァンガードダイナー全店(9店舗)にて、10月7日～11月6日まで1ヵ月限定発売中! 店舗詳細はWEBでチェック!
http://www.village-v.co.jp/shop

★ **フルーティー×ジューシー**
酸味と甘味のあるチェリーが
お肉の旨みを引き立てる

★ **3種のチーズのハーモニー**
チェダーチーズとクリームチーズ、
ブルーチーズのコラボ感が◎

★ **チェリーはぜいたくに10個!**
まんべんなく味わうため、
一部のチェリーは半分にカット!

★ **アボカド好きなら、好きなはず**
アボカドだって果物。
そう思えば抵抗なくなるでしょ?

★ **ビジュアルにもこだわったよ!**
チェリーをイメージしたフラッグ&
お皿もプロデュース

Steo 1

担当者さんとわくわくの制作会議！

「理想のハンバーガーをプレゼン。食べ物のコラボは初めてだったから、緊張したよ～！ プロの意見は参考になりました」

Steo 2

試作品第1弾がついに完成～！

「定番のマッシュルームと変わり種のチェリー、2パターン作ってもらったよ。悩んだ末に、冒険してみることに決定」

Steo 3

味のまとまりのなさが気になる…

「チェリーがある部分とない部分では味にバラツキが…。アボカドも入れてみたんだけど、チェリーの味が弱まっちゃった」

Steo 4

完成まであと一歩…！悩みます！

「チェリーを6個から8個に増やし、クリームチーズをトッピングすることで味に締まりが出て来たよ。もう一息！」

あゆみの BEST BURGER RANKING 10

お店データはSHOPLISTへGO！

1 AS CLASSICS DINER

「おいしいハンバーガー屋さんを聞かれた時には必ず勧めるお店。60年代、アメリカンスタイルの店内もどストライク♡　ベイクドアップルバーガーは絶品！」

2 THE BURGER STAND FELLOWS

「食べ応えのある、肉々しいジューシーなパテが最高！お肉好きの人には、ここのハンバーガーがおススメだよ。アボカドチーズバーガーをぜひ食べてみて」

3 THE GREAT BURGER

「オーナーさんとも仲良くさせていただいているんですが、アメリカ愛が伝わるセンスの良いお店の雰囲気が◎。ここに行くとマッシュルームバーガーを食べるよ」

4 Baker Bounce 三軒茶屋本店

「アメリカンダイナーな店内で、店員さんもカワイイ♡。他ではあまり見かけない、季節の野菜を使った自家製ラタトゥーユ チーズバーガーがおススメ」

5 W.P GOLD BURGER

「クルミのお友だちがやっているお店で、連れて行ってもらいました。ケビンベーコンバーガーが美味しかった♪ 店名やメニュー名も遊び心がある」

6 ARMS BURGER

「代々木公園でピクニックする時に、よくここでテイクアウトして行きます。ポパイバーガーはほうれん草&ベーコンとお肉のコラボ感がたまらなく美味しい！」

7 Reg-On Diner

「ここのバーガーは、ボリュームが程よく、見た目の美しさにもこだわりが感じられます。アボカド、ベーコン、チーズが入ったA.B.Cバーガーがお気に入り」

8 GRILL BURGER CLUB SASA

「定番はグリルマッシュルームバーガーなんですけど、変わり種のカプレーゼバーガーや、フルーツ好きの私の心をとらえて離さないラ・フランスバーガーも」

9 San Francisco Peaks

「THE GREAT BURGERの系列店で、パンケーキも有名。晴れた日のテラス席が気持ち良い～♪ ここの、グリルドパイナップルバーガーが大好き」

10 Burger Mania Shirokane

「白金店でしか食べられないマンゴーバーガーは、足を運んで良かったと思える一品。マンスリーバーガーは、金柑やおもちを使ったものなど、珍しいものが多い！」

PHOTO WITH

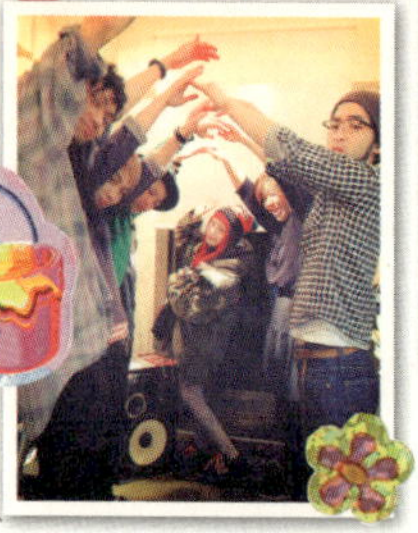

「高2から通ってるveticaのみんなは、もう家族みたいな存在。なぜかみんなでお見送りしてくれました(笑)」

「サプライズで誕生日パーティーを開いてくれたグリモワールのとべさん、ひとみん、読モのりあん、さっちょ」

「元パチパチズの小川ちゃん&みよしっこ。2人とも先輩だけど、いつも仲良くしてくれるよ♡　優しくて大好き」

「KINSELLAのスギちゃん&そのお友達にパーティーで偶然会って、その足でマーク・ジェイコブス展へ」

「ASOBIのみんなで地方イベントに出演した時に。最近、さらに事務所としての結束が強まってきた気がするよ」

「さっちょ&クルミと。ふわふわ系のさっちょは、同い年なんだけどちょっと心配しながら見守ってる(笑)」

「元KINSELLAスタッフのmauさんとはNADIA時代からの仲。フランクに付き合える年上のお友達です♪」

「展示会めぐりの最中に、アヴァンギャルドのオーナーさんと。ヨネちゃんには色んなことを教えてもらってます」

「親友のりく&はる。高校の時、同じショーチームだったんだ。2人にはなんでも話せるし、なんでも見せれる」

「Candy Stripperプレスの諌山さんと、よしえさん、私のマネージャーさんの4人で開催している会合にて」

「内田さんの新居祝いにかけつけたveticaの面々。家主そっちのけで、ももクロDVD観ながら大盛り上がり」

「グリモワールのとべさん&ひとみんのバースデー。ひとみんはけっこうズバッと言ってくれるので頼りにしてます」

「ステレオテニスのヒトミさんはブログのTOP画を作ってくれてるの。ヒトミさんの作るものは全部かわいい」

「みんなでめずらしくプリクラ撮ったよ！　それぞれの夢を持ってるASOBIガールズは、仕事仲間以上の関係」

「内田さんの新居に集まったveticaガールズ！　ミサミサとは感性や価値観が合うから相談事をしやすいんだ」

「大好きな茜ちゃんを、尊敬するよしえさんに会わせたくてセッティング。いつもお世話になっております…」

FRIENDS

「AYAMO主催のAMOのパーティーで。パチパチズの中では、この辺のメンバーと過ごした時間が1番長いかも」

「新井ちゃん、みよしっこ、ミサミサ。パチパチズになる前から仲良しのクルミ。友達が多くて、明るいところが好き」

「SATURDAYS対談の後に、ごはんに行ったよ。やっぱり落ち着く〜! おばあちゃんになっても続けたいな」

「やぎさんとは一緒に映画に行ったりもする仲。Twitterで大好きとか言ってくれるんだけど、ホントかな〜?(笑)」

「私の家で開催したひんやりナイトwithミサミサ、ゆら、Una。結局このメンバーに落ち着くことが多いかも」

「AYURAコンビ。ゆらは、私の前では普通の女の子な一面を見せてくれるので、ガールズトークをよくしてる」

「歌手デビューしたばかりのUnaちゃん。初お披露目の時は感動で涙が止まらなくて、嗚咽するほど泣いちゃった」

「元パチパチズの新井ちゃんと。小悪魔っぽく見えるんだけど、実はすごい一途。元ヤン疑惑をかけてる(笑)」

「mauさん、manitasと。派手な外見とは裏腹にすごく女の子らしいmanitas。私に対しては、いつもツンデレ」

「事務所の全員が大集合〜! TEMPURA KIDZちゃんは、礼儀正しいし、ダンスもキレキレで本当にかわいい」

「KINSELLAやBUBBLESのスタッフさん集合のBBQ。みんなに会いたくてお店に遊びに行っちゃう」

「BERBERJINのまとばさん&しげまつさん、mauさんの29才コンビ。アツくて、元気で、優しくて大好き」

「いつのまにかスターになってたきゃりー。かなり忙しいだろうに、そういう面を表には出さないところ、尊敬してる」

「地元の友達と♪ みんなの前では何も飾ることなく、普通の20才の女の子でいられる。貴重な存在です!」

「天使・ベックと♡ 実は1コ上とは思えないほど、ピュアで赤ちゃんみたいで大好き。意外とアーティスト肌!」

WE ARE SATURDAYS!

パチパチズ出身のあゆみ、AMO、茜、
波長の合う３人で結成されたSATURDAYS。
土曜日の夜に集まり、クッキングしたり、
DVD観ながらおしゃべりしたり、時にはお出かけしたり。
仲良し３人のトークをまるっと収録♡

瀬戸あゆみ(以下あゆみ)「最初に3人で語り合ったのって、確か2年前の5月だよね？　AMOの家に私と茜ちゃんで泊まりに行って。仕事を終えて後から合流した茜ちゃんがハーゲンダッツを大量に買って来てくれたんだよね」
AMO「たくさんDVD観て、明け方にみんなでスープ飲んだよね」
佐々木茜(以下茜)「私、普段ほとんど夜更かししないから、みんなで見た朝日がすごいキレイでビックリしたんだよ」
あゆみ「茜ちゃん、すぐ寝ちゃうんだもん(笑)。当時、私はまだ高校生で、AMOはデビュー前、茜ちゃんもお仕事始めたばかりだったのかな。その後からちょくちょく会うようになって」
AMO「3人だと、自然とお互いの恋愛や仕事の話をディープにすることが多かったんだよね。自分の中にある深い話をするのがあまり得意ではないんだけど、なぜかこのメンバーだと素直に話せるというか」
あゆみ「居心地が良いんだよね。はしゃぐ時ははしゃぐけど、テンションもあまり高くないし。茜ちゃんが土日お休みだから、土曜日に集まることが多くていつのまにかSATURDAYSって名前になって。ハンバーガーやスイーツを作ったりしたね～」
茜「あゆちゃんにはアメリカンが似合うし、AMOちゃんにはフレンチなテイストが似合ってて。何かを作ってる2人を見ながらかわいいな～ってこっそりニヤニヤしてるよ」
あゆみ「それはこっちのセリフ♡　でもさ、実はパチパチズ時代は撮影で一緒になる機会があまり無かったんだよね」
茜「私は学校の前が多くて、あゆちゃん達はその後に来るっていうパターンが多かったからね。2人は最初から仲良しだったの?」
AMO「瀬戸はね、ナマイキだったの(笑)。今となっては人見知りだったんだなとわかるんだけど、最初からタメ口だったし(笑)。でも、話してみたらすごい無邪気で素直な子で、自然と仲良くなって」
あゆみ「えー、内心『AMOちゃんだ♡』ってすごいテンション上がってたんだよ。見えなかったかもだけど」
AMO「うん、とてもクールに見えた(笑)。でも、瀬戸は良い意味で年下感が無いんだよね。私、年下の友達ほとんどいないんだけど、瀬戸はそれだけ特別ってことなのかも」
茜「私も、年下の友達っていないな～。私が一番年上なんだけど、2人ともしっかりしてて、芯があってブレないし。AMOちゃん、あゆちゃんの華やかな話題を聞いたりすると、なんで私なんかと仲良くしてくれるんだろうって不思議な気持ちになるよ」
AMO「またそんなこと言う～!　茜ちゃんは、人に対しての愛情の注ぎ方がまっすぐ。それに、これは瀬戸にも言えることだけど、自分とは違うセンスを持ってるから、一緒に何かをするとそれぞれのテイストが混じってかわいいものができるんだよね」
あゆみ「うんうん。ほんと、茜ちゃんは愛情深い人。料理もうまいし、女性として尊敬できる部分も多くて。結婚生活の話を聞くと、すごく憧れちゃう。茜ちゃんみたいな奥さんが欲しい♡」
茜「(笑)。AMOちゃんはとても気遣いが出来るし、マメだし、考えて人に接してるし、自分に無い部分をたくさん持ってるから憧れちゃうよ」
あゆみ「いつも会を主催してくれるしね。それに、お姉さん肌で、私が間違ったことをしたらちゃんと怒ってくれる。今でもAMOから学ぶ部分はすごく多いし、尊敬してるよ」
AMO「なにこの褒め合い(笑)!　瀬戸には、少し似てる部分を感じるんだよね。人との付き合い方や距離感、不器用なとこ、少し前の自分を見てるような感覚に陥ることもある。すごい素直だから、たとえ悪い人が寄って来ても気づかないのかなって思うから、守ってあげないとって」
茜「うん。疑ったりしないから、大丈夫かなって心配になる反面、私が気づかない様なことを考えてたりするからそこは尊敬してる」
あゆみ「2人の言葉を聞いて泣きそう!　AMOも茜ちゃんもずっと仲良くしたいと思う大事な友達です。いつか、SATURDAYSで遠出しようね♡」

FAMILY AND BEST FRIENDS

ママ

夢を叶えたあゆみへ
あゆみの中学生の頃の夢を
覚えていますか?
洋服関係の仕事がしたいと言っていたと思います。
私は、無理だと思ったけど何も言えませんでした。
その夢を叶えて今を頑張っている
あなたを誇りに思っています。
まわりにいるスタッフさんに感謝して
頑張って下さい。

加藤綾華さん
(幼なじみ)

もう十年以上の仲だね! すごくウマがあって一緒だと笑いがたえない! 思えばあゆは昔から服のセンスがずば抜けてたね。読モになってからも努力を怠らないあゆのこと尊敬してるよ! ずっと応援してます。だいすき!

木下春菜さん
(親友)

何でも話せるし何でも聞いてくれる、思いやりがあって優しい子です。17才の時に出会ったけど、それはずっと変わりません。おばあちゃんになっても一緒に遊ぼうね。

増山陸さん
(親友)

瀬戸は年下とは思えないほどパワフルな子です、会うたびに良い刺激を貰います、時々アホだけど(笑)、きっとこれからも伸び続ける人です、僕の一生の友達です ^ ^ これからもよろしくね!

MES

FROM FAMILY

FRIENDS

青柳文子さん
(モデル)

あゆみの書籍楽しみにしてました! いつだってフラットな所と人の悪口を言わない所と実直な所とテンション低めだけどわりと楽しそうな所が大好きです♡

Profile: セルフプロデュース本「青柳文子の本」が絶賛発売中。

板橋よしえさん
(Candy Stripperデザイナー)

とっても家族想いで優しくて、いつもまっすぐなところが大好き! かわいくって放っておけない妹のような存在です♡

Profile: 遊び心のあるデザインで多くのタレントやミュージシャンを魅了するデザイナー。

Unaさん
(モデル・歌手)

瀬戸本おめでとう♡ 初めて出版のお話を聞いた時、本当に嬉しかったよ〜♡ でも形になってもっともっと嬉しい!!!!!! アメリカンキッズな瀬戸ちゃんが本当に大好きだよ♡ これからも、おばあちゃんになってもアメリカンキッズな瀬戸ちゃんでいてね!! 本当におめでとう!!!!!!

Profile: 8月14日にシングル「JUICY JUICY」でアーティストデビューを果たす。

AMOさん
(AMOYAMO)

初めてできた年下の友達。成長しながらも素直で甘えんぼな部分は変わらなくて、かわいくて仕方ない♡ 頑張ってる姿、応援してるよ!

Profile: AMOYAMO 1st Full Album『FLASH』が10月30日リリース!

内田聡一郎さん
(veticaクリエイティブディレクター)

見た目はキャピってるのに、中身は完全におばさん。まるでアラサー女子。そんなところが好きです。頭撫でたりしても嫌がらないでね!

Profile: veticaでのサロンワークの他、一般誌、業界紙、セミナーなどでも活躍中。

オカモトレイジさん
(OKAMOTO'S DR.)

初対面のとき、マジ本物の瀬戸あゆみじゃん…!!といった具合で存じ上げてましたがクールにカッコつけました。新居にカレー作りにいくね!

Profile: OKAMOTO'Sのドラムを担当。両A面シングル「JOY JOY JOY/告白」が絶賛発売中!

大切な家族と友達からのメッセージをお届け！

AND FRIENDS

奥本昭久さん
（フォトグラファー）

遂に出たねー瀬戸ちゃん本。おめでとう～、いつも一生懸命な瀬戸ちゃん、これからも楽しみだす。

Profile：着物が普段着の写真家。雑誌、写真集、音楽ジャケットなどを手がける。

佐々木茜さん
（プレス）

若いのにとてもしっかりしてるあゆちゃん。笑顔にいつもきゅんきゅんしています。SATURDAYSでも楽しいことといっぱいしましょう。

Profile：パチパチズを経て、アパレルのプレスとしても活躍中。

佐藤さきさん
（モデル）

瀬戸ちゃん♡　書籍発売おめでとう！！！！　KIDZでかわいい瀬戸ちゃんはしっかりしてていつも頼りにしています笑。これからも全力で応援してるぞ♡

Profile：Zipper専属モデル、DJなど、幅広く活躍中！

中田クルミさん
（モデル）

瀬戸本おめでとう！！　5年前に出会った時から、ポップアイコンのような女の子でした。ずっとずっとそのスタイルを貫いてね！　大好きだぞ、瀬戸──！♡

Profile：モデル活動の他に女優、MC、趣味としてDJ活動も行いイベントにも多数出演。

三戸なつめさん
（モデル）

瀬戸ちゃん、本の発売おめでとう(^ ^)☆　瀬戸ちゃんのキッズファッションがとても好きです。見てて楽しい気分になります！　これからも貫いていってね！

Profile：セルフプロデュースブック『なつめさん』が絶賛発売中。

ゆらさん
（モデル）

おめでとう！！

Profile：各誌の表紙を務め、本人のみの特集も多数。ゆら信者が増殖中。

木村ミサさん
（モデル）

瀬戸本出版おめでとう♡　若いのにしっかりしてる瀬戸さん。だけどすぐ忘れ物をしちゃうお茶目な瀬戸さんがわたしは大好きだよー！♡

Profile：アイドル好き読モとしてジャンルにとらわれず活躍中。

ステレオテニスさん
（グラフィックデザイナー・イラストレーター）

瀬戸ちゃんのファッションやセンスには、ああ～！分かってるぅ～！私も好き！と感化されて、デザインする時のヒントになったりしてて、刺激をもらってるよ☆

Profile：あゆみちゃんも使用しているLINEカメラのフォトスタンプリリース中！

サトーマリさん
（ULTRA-Cスタイリスト）

いつもおしゃれで可愛いせとちゃん。とっても人気者なのに、カッコつけずに気さくに話せるところも大好きです！　これからもせとちゃんらしさを忘れずに突き進んでね～。

Profile：神宮前のヘアサロンULTRA-Cの美容師として活躍。

PAULさん
（スピンズ プレス）

namaikiの出張で、空港でのチェックイン後、朝7時から焼肉を食べていたのが印象的（笑）。ファッションに対して熱く、笑顔が最高な子！

Profile：ヒューマンフォーラム・スピンズにて数々の流行を仕掛ける敏腕プレス。

ミドリノスシさん
（ASOBISYSTEMマネージャー）

最初の印象はとにかく派手！　イベントの合間に家に帰り、戻って来たら風呂上がりで頭がビシャビシャだった…いい思い出です（笑）。

Profile：ASOBISYSTEMにてあゆみちゃんのマネージャーを担当。

米原康正さん
（編集＆写真家）

おしゃれなだけでなく、話すときちんと答えが返ってくる。これからも仕事一緒にさせてください。瀬戸ちゃんのセンスは、ほんとにすばらしいです！

Profile：世界で唯一のチェキをメインにしたフォトグラファーとして幅広く活躍中。

SETOAYUMI

★★★

PRIVATE INTERVIEW

瀬戸あゆみ、20才。現在の彼女が考えてること、これまでの歩み、大好きなママのこと、そして、これからの未来のこと。“自分の内面について話すのが得意ではない性格”を自称しているだけあって、これまでBlogやZipperでもなかなか表には出してこなかったけれど、彼女の中でひそかに燃えていた想い。夢だったAymmyデザイナーとして大きな第一歩を進み始めた今だからこそ、胸の内に秘めていた気持ちをはじめて語ってくれました。

SETOAYUMI

★★★

PRIVATE INTERVIEW

見た目はコドモ、中身はオトナ!?

「見た目と違って落ち着いてるね」って、よく言われるんです。髪や服はハデでコドモっぽいけど、声もテンションも低めだから、ギャップがあるみたいで。でも、そう言われるのは本当はあんまりうれしくない。自分では、もっとキャピキャピしたいんですよね。私がそういう性格になったのには、実はいくつか思い当たるフシがあるんです。今でもハッキリ覚えてるんですけど、小３の時に、私は他の人とは違う、誰よりも大人なんだってなぜだか思い込み始めたんですね。ひねくれてるのに、根拠のない自信にも満ちていて、ひとりっこだから早くしっかりしてママを守ってあげないと、なーんて思ってる子でした。恥ずかしながら、同じクラスの子が幼く見えてしまってたし、そういう気持ちが言動や態度に出ちゃってたような気がします。友達には恵まれてたんですけど、今考えると、まわりの子が大人だったからそんな私とも仲良くしてくれてたのかもしれませんね…。表面的には楽しくやりつつも、心の中は完全にこじらせていたので、どんどんマンガやアニメの世界に没頭していって、当時はけっこう本気度の高いオタクでした。本もすごい読んでて、小説家になりたいと思ったりもしてたり…（赤面）。ファッション的には、中１でKERAを読み始めてゴスロリにはまり、お小遣いを貯めて買ったゴスロリ服でキメてたという初公開の過去があります（笑）。小学校高学年〜中１くらいまではそんな子だったけど、中２の時に父が亡くなったんですね。その時に、祖母やママが自分たちも悲しいだろうに、私のことを一生懸命励ましてくれる姿を見て、ストン、と素直に受け入れることができて。その出来事をきっかけに、変にひねくれてた部分もなくなって、良い方向に変わった気がします。むしろ、本当の意味でしっかりし始めたのもその頃かもしれません。

読者モデル・瀬戸あゆみの誕生

中３になってからは、初めての彼氏ができたり、明るい友達もたくさんできて、けっこう華やかだったのかも。ファッション的にも、中２からZipperを読み始めたので、ゴスロリブームが自分の中で終わった後はZipper系のファッションをしてました。まわりはギャルっぽい子ばっかりだったんですけど、他の子とは違う服が着たかったからギャルになることもなく、髪型は校則の範囲で可能な限りの冒険をいっぱいしてました。半分ロング&半分ボブの超アシメとか、前髪ガッタガタとか、かなり攻撃的なヘアスタイルばかり（笑）。県立の私服通学の進学校を狙ってたので、髪型はそんなんでしたけど、勉強はわりとがんばっていて。だから希望の学校に合格した時はうれしかったな〜。気合い入れて髪も染めて、真っ赤なジャケットに黒のベビードールを着て入学式に出席したんですけど、９割の子が制服風の格好で来ていたので、かなり浮いていたと思います（笑）。高校に入ってからはTSUTAYAでバイトを始めて、映画や音楽のことを年上のバイト仲間にたくさん教えてもらうようになり、文化系女子まっしぐら。昔の映画や音楽が好きになったのは、この時期の影響が大きいですね。Zipperに初めてスナップされたのは、高２になりたての頃。サロンモデルはやっていたけど、ファッションスナップは初めてだったのでビックリしたのを覚えてます。学校はモデル活動禁止ではなかったので、高校とモデルの両立生活がスタートしたんですけど、他にそういうことをやっている子がいなかったから、下級生の子が教室に見に来たり写真を頼まれたりするのは、すごくすごく照れくさかった(笑)。

運命が、すごい勢いで動き出した

高3の終わりから、NADIAでSHOP店員のバイトをするようになりました。ただ、毎日実家から学校に行って、放課後は編集部で撮影用のコーディネート組み&撮影もあって、土日はNADIAと撮影。実家や高校のある埼玉は、編集部や原宿からけっこう遠くて、ほぼ毎日終電という生活が続いたのはかなり大変でした。進路に関してはファッション系の専門学校に進学しようという考えはずっと頭にあったんですけど、具体的にどんな形でファッションに関わりたいのか、何がやりたいのかはわからなかった。そんなタイミングで、NADIAの社員になりませんかという話をいただいて、同じ頃に今の事務所の社長から所属のお誘いを受けました。社長から、namaikiの話や、将来的には私のブランドを立ち上げるサポートをしたいっていう話を聞いた時に、「ああ、私はデザイナーになりたいんだ」っていう気持ちを初めて自覚したんです。恥ずかしくて誰にも言ってなかったし、自分でも自信がなくて見ないフリしてたけど、もう認めよう、無茶なのかもしれないけどやってみよう、と。すごく悩んだけど、最終的に、事務所に所属すること、進学はしないことを自分で決めました。ママは進学しなさいって言ってたけど、学費も高いし、夢を叶えるにはそっちの方が近道だと思ったので、NADIAで働きつつモデルや事務所の仕事もして、デザイナーの勉強もしていきたい、東京で1人暮らしをしたい、という決断を告げました。ママは、私が真剣に考えて決断したことは尊重してくれるし、反対しないんです。そういうところ、本当に尊敬しています。NADIAでは店頭に立ちながら、デザインにも関わらせてもらっていたのですが、namaikiのプロジェクトが本格化し始めたのをきっかけに、NADIAは卒業して、namaikiのセレクトアイテムの買い付けで海外に行ったり、オリジナルアイテムをデザインをするように。その合間には、バンタンに通ってファッションの勉強をしました。お仕事の関係で短期集中コースという形で半年間みっちり、ファッションの歴史や、基礎的な勉強をしつつ、デザイナーとしての修業期間を過ごしていたら、Aymmyがついに始動することになったんです。こんなに早く夢が叶うと思ってなかったので、本当に毎日ドキドキです……。

いくつになってもKIDZでいたい

撮影は好きなので、Aymmyが本格始動しても、見てくれる人がいる限りはモデルは続けたいんですけど、こんな自分がモデルをやっていて良いのかなっていう思いは常にあるので、いつまでできるのかな〜っていう不安は、ずっと抱えてはいます。コンプレックスだらけなんですよ、私…。今はとにかく、仕事をがんばっていきたい。先のことを考えようにも、Aymmyのことで頭がいっぱいです。恋愛や結婚に関しては、もう少し落ち着いてからじゃないと具体的には考えられないかも。前はもっと考え方がとんがっていたから、結婚=逃げ、みたいに思っちゃってたんですね。でも幸せそうな茜ちゃん夫婦を見たり、自分も少し大人になってきたので、いつかは好きな人と結婚して落ち着きたいって思えるようになりました。だけど、私は負けずぎらいな性格なので、Aymmyを成功させて、その後からじゃないと考えられないかも。まだまだ、現実的にはまったく想像できません！　ファッションもKIDZというブレない芯は持ちつつ、少しずつ新しいものに挑戦したり、考え方も丸くなって来たとは思います。でも、もうちょっとだけ、子どもでいさせてください。

AYUMI's PRIVATE

プライベートや、普段はあまり見られないお仕事中のメイキングなどを写真でご紹介!

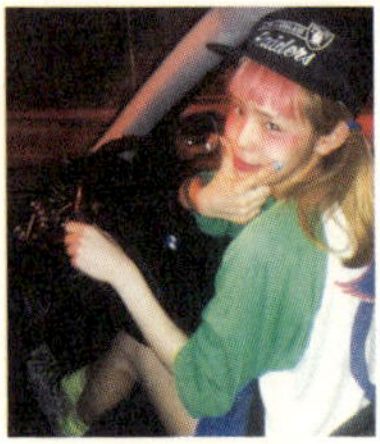

免許、持ってます(えっへん)!

「念願の免許を獲得して、友達の車で初ドライブ! コドモが運転してるみたいって、みんなに笑われた(笑)」

去年のハロウィンはチャッキー

「チャッキーは今もお気に入り。veticaの聡さんの手によるキズメイクが本格的! 今年はどうしようかな〜!」

振り袖マシンガンガール♡

「成人式の前撮りをお願いした時に。カメラマンさんの趣味であるサバゲーグッズを持ってスナイパーになりきり」

テラスでフォトショの勉強中!

「Photoshopを使ってグラフィックのお勉強。いつか自分で作ったグラフィックをAymmyで使えたらな〜」

ハタチの誕生日を祝ってもらうの巻

「茜ちゃんの家にお祝いを持って行ったのに、逆に私が祝われてしまいました。優しい! うれしかったな〜♪」

またもお祝いしてもらちゃったの巻

「veticaのスタッフさん&KINSELLAスタッフのスギちゃんがハタチを祝ってくれました! 幸せ!」

サラバ、愛しきロングヘアよ…!

「『レオン』のマチルダになりたくてバッサリおかっぱに。内田さんには高校の時からずっとお世話になってます」

偶然の出会いが生んだチーム赤髪

「リーボック×キース・へリングのレセプションに行った時にご一緒したお2人と♪ 気づいたらみんな赤髪!」

ART OF UK ROCK展へ

「BunkamuraでやってたROCK展へ。前の週にやっていたPUNK展にも行きたかったとはげしく後悔!」

超お気に入りのKIDZな浴衣♡

「Zipper撮影での1コマ。浴衣っておすましポーズが多いけど、この日はたくさん動いて、やんちゃな女の子をイメージ」

ASOBIガールズでイベントへ

「渋谷のエキアトでやったイベントTAKENOKO!!!へ。一番左は台湾から遊びに来てたモデルのEVAちゃん♡」

よしえさんとのごはん会の後に!

「Candy Stripperの店舗へ。よしえさんを原宿の古着屋さんに案内することがよくあります」

PHOTO DIARY

カラフルでKIDZな日常を48日分、イッキにお見せしちゃうよ〜★

廃墟や夜の工業地帯を
見るのが好き

「今年のバースデー旅行で、三重県の四日市工業地帯を見学に。ライトアップされててすっごくかっこよかった!」

ぼく、アユえもん!
イチゴ大好き

「1シーズンに何度も行く大好きなイチゴ狩りへ。道中で買ったドラえもんの首輪を付けてゴキゲンな模様(笑)」

六本木ヒルズで
お花見したよ★

「3月でちょっと早かったんだけど、ヒルズでお花見。ハンバーガーをテイクアウトして桜を見ながら食べた思い出」

新婚茜ちゃんの
新居へおじゃま♡

「茜ちゃんの結婚&新居お祝いを持って行きました。ステキハウスっぷりに震えた…! あんな奥さんが欲しい!」

こう見えて、
照れ隠しの顔です

「肉を焼いてるところを事務所の人にパシャパシャ撮られて(笑)。なんか恥ずかしい時は大体こういう顔してます」

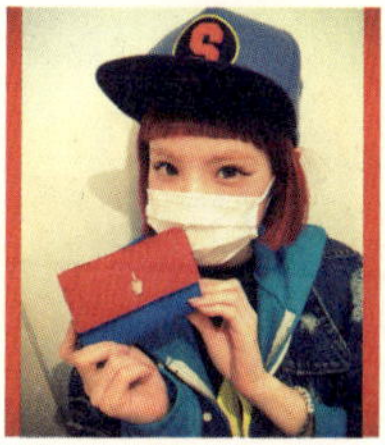

NEWサイフは
あゆみカラー★

「おサイフを落としてしまって本気でへこんでいた私に、事務所の皆さんが新しいものをプレゼントしてくれました」

握手会に
お客さんとして参加〜

「仕事で大阪に行ったら、近くで事務所のみんながイベントをやってると聞いて乱入。握手会の列に並んだの(笑)」

マネージャーさんと
観覧車に乗る

「大阪の街中に観覧車を発見して、思わず乗っちゃった。遊園地にはなかなか行けないから久しぶりで楽しかった!」

私、ピクニック
マニアなんです♪

「エビ&アボカドのクロワッサンサンドと、ハム&チーズのパリジャンサンドを作って行ったよ。小道具も用意!」

お外で食べる
ハンバーガーは最高!

「ARMSのポパイバーガーをテイクアウトして公園でもぐもぐ。ほうれん草とパティの相性がばつぐんでした◎」

木の枝を持って
楽しそう(笑)

「ピクニックに行った時にテンション上がって木の枝を振り回してる様子(笑)。めずらしく満面の笑みの写真」

あゆみチェキ★
byヨネちゃん

「チェキのお仕事で、ヨネちゃんに撮ってもらったよ〜! いつもとはちょっと違う表情をしてる気がする」

PRIVATE PHOTO DIARY

事務所ガールズで
アイスTIME

「チェキのロケ中に、六本木のホブソンズを通りかかったので。みんなでアイス休憩!　おいしかった～♪」

週1ペースで
ピクニックしてた時

「春先は本当にすごいペースでピクニックしてました。シャボン玉大好き! お気に入りスポットは代々木公園!」

LABRATの展示会で
田中さんと

「大好きなLABRATの展示会でプレスの田中さんとクールにキメたつもりが、私だけ子どもみたい…(笑)」

見た目もかわいい
クリームソーダ

「事務所のみんなでショーを観に行きました!　まわりがお酒を飲む中、私だけクリームソーダでご満悦★」

エッフェル塔ポーズ!
in Paris

「7月にJAPAN EXPOでパリに行ってきたよ。左から、EVA、Una、私、ゆら、青柳。ハデな5人組!」

ロイ・リキテンシュタイン
展へ!

「フランスでやっていた尊敬するアーティスト、ロイ・リキテンシュタイン展へ! 大量におみやげ買いました」

『Ayumi Kidz』
クルーでパチリ

「ロケ終了後にみんなであゆみポーズ! スタッフさんも、衣装も、自分の意見を全部かなえてもらった撮影でした」

撮影後も取材が
もりだくさん!

「撮影が終わった後も、インタビュー、対談、ワードローブやプライベートについて等々、たくさん語りました!」

本場のハンバーガーを
堪能しまくり

「Aymmyの撮影でアメリカに行った時に、現地のアメリカンダイナーで。内装も理想通りのかわいさだった～♡」

よしえさんと
パンケーキ会へGO

「原宿のBROOKLYN PANCAKE HOUSEへパンケーキを食べに行ったよ♪　甘いものも大好き!」

夏はやっぱり
海でしょー!!!

「夏大好き!　毎年必ず海に行きます。水泳やってたから泳ぎは得意だし!　この水鉄砲は5分でこわれました(笑)」

『Ayumi Kidz』の
デザイン会議

「デザイナーさんと、細かいデザインを決めていったよ。すみずみまで私のやりたかったことが詰まった本なのだ」

PRIVATE PHOTO DIARY

ASOBIガールズ♡
ピクニック

「私のピクニック好きから生まれた企画を、事務所でやってる動画配信用に撮影! みんなでお料理したんだよ」

ミュージカル鑑賞
withクルミ

「クルミと『HAIR』というミュージカルを観に行ったよ。ヒッピーな雰囲気のハイテンションな内容でした」

時間が空いたらすぐ
代々木公園へ

「デリやパンなどをテイクアウトして公園で食べるのも大好き。ちょっとの時間でも気分転換になるパワースポット」

凱旋門ポーズ!
in Paris

「これもフランスで。この日のメンバーは、ロリータもいてアメカジもいて、服装がバラバラ過ぎておもしろい(笑)」

対談後によしえさんと
撮影〜!

「『Ayumi Kidz』用に、よしえさんと対談させてもらったよ! みんながいる前で話すの、緊張しちゃった!」

たくさんのパンケーキに
囲まれて♡

「Aymmyの撮影中にフロリダのOriginal Pancake Houseで。1皿のボリュームがすごすぎる!」

コンバースで出来た
アメリカ国旗

「こちらもAymmy撮影中に。L.A.に移動して、行きたかったコンバースSHOPの前で。おみやげもGet!」

出張中に表紙の写真を
セレクト!

「アメリカ出張中に写真チェックもしないといけなかったので、飛行機の中や、ホテルでひたすら写真を選んでたよ」

BBQもして、
夏を満喫したよ♪

「原宿の仲良し古着屋のスタッフさんたちが主催したBBQにお呼ばれしたよ。いつも優しくしてもらってます」

ひんやりナイト、
今年も開催!

「毎年恒例のひんやりナイト。そうめん食べて、怖いDVD観て、アイスを食べる会です。ゆらも来てくれた〜!」

深海魚水族館で
テンションUP

「沼津にオープンした深海魚水族館へ行ってきたよ! ずっと行きたかったからワクワクしっぱなし。巨大カニの前で」

ひさしぶりの
SATURDAYS

「花火を観ながら、そうめんとバンバンジーを作ってひんやり。茜ちゃんは、この日も早く寝ちゃった(笑)」

AYUMI KIDZ

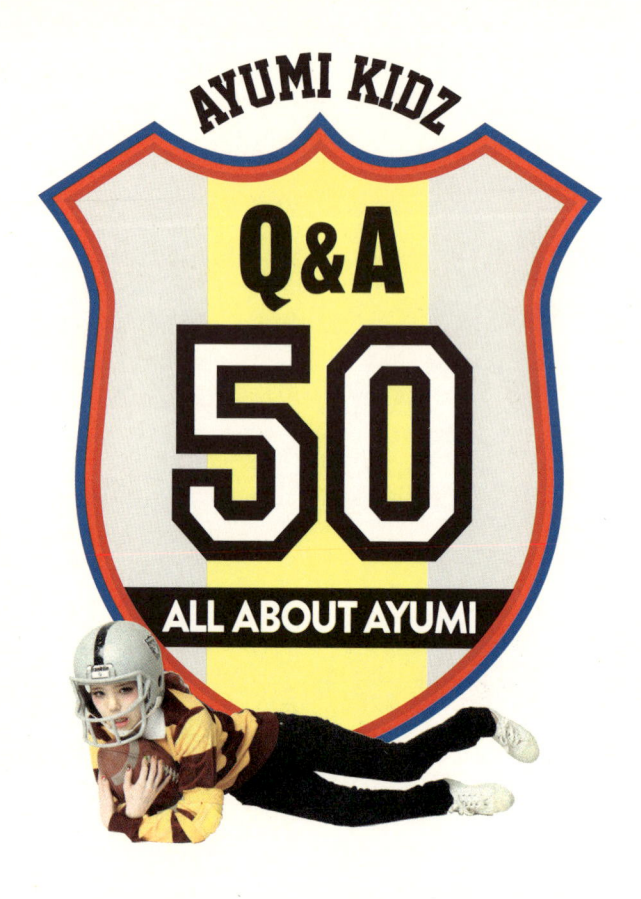

Q&A 50

ALL ABOUT AYUMI

Q1 生年月日は?

1993年3月12日生まれ。

Q2 出身地は?

埼玉県。

Q3 きょうだいは?

ひとりっこ。

Q4 身長は?

153cm。

Q5 足のサイズは?

22.5cm。

Q6 名前の由来は?

一歩一歩着実に歩んで行って欲しいという意味らしいです。ひらがなで「あゆみ」なのが気に入ってる。

Q7 特技は?

水泳。0才から小学生まで
習ってたので今でも得意!

Q8 自分の性格をひとことで言うと?

マジメな気分屋。

Q9 好きな食べ物は?

ハンバーガー、焼き肉、
チョコレート。

Q10 嫌いな食べ物は?

梅、しそ、トマト、ラーメン、
ベーグル。

Q11 得意料理は?

オムライス。

Q12 これがないと生きていけないというものは?

ハンバーガーと赤と青。

Q13 これだけは絶対無理なものは?

ドッジボール。

Q14 長所は?

短期集中が得意。

Q15 短所は?

すぐ散らかす。

Q16 くちぐせは?

「ねぇねぇ」。
くちぐせでは
ないかもしれないけど、
「ぇ」のアクセントの
つけ方がおかしいらしい。

Q17 座右の銘は?

本気でやれば
何でも楽しい!

Q18 チャームポイントは?

えくぼ??

Q19 コンプレックスは?

笑顔がシュール。

Q20 人からよく言われる第一印象は?

「見た目と違って
落ち着いてるね」。

Q21 さみしがり? ひとり好き?

ひとり好きのさみしがりや!

Q22 憧れている人は?

アンディ・ウォーホール。

Q23 尊敬する人は誰?

ママ。かわいらしい。

Q24 朝、起きてまずすることは?

ベランダでぼーっとする。

Q25 落ち込んだときの立ち直り方は?

お洋服を買って散財する。

AYUMI KIDZ
Q&A 50
ALL ABOUT AYUMI

Q26 あなたにとっての最大の褒め言葉は?

「こどもみたいだね」。

Q27 もしも願いが1つだけ叶うなら何をお願いする?

めちゃくちゃ頭が良くなりたい。

Q28 いま一番会いたい人は?

チバユウスケ。

Q29 最近はまっていることは?

ペリエを使って
オリジナルドリンクをつくること。

Q30 おしゃれの参考にしている人、ものは?

昔の映画、Taviちゃん、Chloe Nørgaard。

Q31 やってみたいファッションは?

ボーイッシュな服が多いけど、
実は映画に出てくる女の子のような、
ガーリーな服も大好き。
いつかは挑戦してみたい。

Q32 友達と何をして遊ぶ?

ピクニック、
ホームパーティ、
ライブ、
映画。

Q33 好きなマンガ家は?

矢沢あい。

Q34 家にいる時は何をしてる?

DVDを必ず流してる。
友達が来たとき以外
TVはほぼ観ないかも。

Q35 好きなお笑い芸人は?

さまぁ～ず。

Q36 好きな男性のタイプは?

物知りな人、仕事熱心な人、
ユーモアのある人。

Q37 年上好き? 年下好き?

年上好き!

Q38 初恋は?

4才の時に同じ幼稚園の子。ママが
「あの子かっこいいんじゃない?」
って言ってるのを聞いて
好きになりました(笑)。

Q39 はじめて付き合ったのは?

中3のとき。

Q40 今までの忘れられない恋愛エピソードは?

遠距離中の彼氏に
さみしいと電話をしたら
次の日に飛行機で
来てくれたこと。

Q41 どういう女性に憧れる?

優しくて料理ができて
ライフスタイルから
おしゃれなひと。
佐々木茜ちゃんみたいな!

Q42 今、恋してる?

はい。

Q43 結婚願望は?

いつかはしたいけど、まずは仕事を
しっかりやることが先かなと思ってます。
たぶん遅いんじゃないかな…。

Q44 幸せを感じるのはどんなとき?

ハンバーガーを食べているとき。

Q45 今までで一番うれしかったことは?

ママがわたしが出ている
雑誌のページすべてに
ふせんをつけていたこと。

Q46 今までで一番かなしかったことは?

家賃など高額なお金が
入っていた財布を
落としたこと。

Q47 今一番ほしいものは?

目黒通りのアンティーク屋で
見つけた白い木のテーブル。

Q48 ナイショにしておきたい過去ってある?

小6～中2くらいまでアニメ大好きな腐女子で、
ゴスロリを着てたこと。

Q49 今の目標は?

Aymmyを世界で展開させること。
アメリカに住むこと。

Q50 未来の自分にメッセージを。

小さくまとまるなよ!

AYUMI
KIDZ
いつもわたしのことを応援してくれているみなさん
みなさんのおかげで、内向的で自分に自信のない
弱虫なひとりの女の子が、夢を叶えることになり、
自分の本も出すことができました。
この本が、みなさんにとって、おしゃれを楽しんだり、
自信をつけたり、わくわくドキドキのきっかけになって
くれたら幸せです。
いつもありがとう。
これからもよろしくね。
大きな大きな愛を込めて
三瀬戸あゆみ
LOVE AND GRATITUDE

SHOP LIST

Ayumi Kidz

FASHION

RNA Inc. ---------------------------- ☎ 06-4391-9580
American Apparel -------------- ☎ 03-6418-5403
GARDE-N 730 ------------------- ☎ 03-3770-7301
CANDY--------------------------- ☎ 03-5456-9891
Candy Stripper ------------------- ☎ 03-5770-2204
KINSELLA ------------------------ ☎ 03-3408-6779
G2? ---------------------------------- ☎ 03-5786-4188
SPROUT 2nd---------------------- ☎ 03-5474-4301
おもちゃや SPIRAL----------------- ☎ 03-3479-1262
文化屋雑貨店 原宿通り店 ------------ ☎ 03-3470-0631
NUDE TRUMP-------------------- ☎ 03-3770-2325
BUBBLES-------------------------- ☎ 03-5772-7126
PIN NAP--------------------------- ☎ 03-3470-2567
LABORATORY ／ BERBERJIN® --- ☎ 03-5414-3190

SPECIAL THANKS
Linea-Storia ☎ 06-6245-1220
PROPS NOW TOKYO ☎ 03-3473-6210

BURGER

ARMS BURGER
東京都渋谷区代々木 5-64-7
☎ 03-3466-5970
営11:00～23:00（22:30 LO） 土日祝は 8:00～ 月休（祝祭営業）

AS CLASSICS DINER
東京都目黒区八雲 5-9-22 オリオン駒沢ビル 1F
☎ 03-5701-5033
営09:00～23:00（22:30 LO）
火休（祝祭日の場合は、翌日休）

W.P. GOLD BURGER
東京都渋谷区渋谷 1-9-4 トーカンキャステール渋谷
☎ 03-3407-0232
営12:00～16:00（15:30 LO）、18:00～24:00（23:00 LO）
土日祝は 12:00～24:00（23:00 LO） 月休

GRILL BURGER CLUB SASA
東京都渋谷区恵比寿西 2-21-15 代官山ポケットパーク 1F
☎ 03-3770-1951
営11:00～23:00（22:00 LO） 第3火休

San Francisco Peaks
東京都渋谷区神宮前 3-28-7
☎ 03-5775-5707
営11:30～23:00（22:30 LO） 無休

THE GREAT BURGER
東京都渋谷区神宮前 6-12-5
☎ 03-3406-1215
営11:30～23:00（22:30 LO） 無休

THE BURGER STAND FELLOWS
東京都港区北青山 3-8-11
☎ 03-6419-7988
営11:30～16:00（LO）、18:30-22:00（LO）
日は 11:30-16:00 月休（祝祭日の場合は、翌日休）

Burger Mania Shirokane
東京都港区白金 6-5-7 1F
☎ 03-3442-2200
営11:30～23:00（22:00 LO） 土日祝は 11:00～
第 3 月休（祝祭日の場合は、翌日休）

Baker Bounce 三軒茶屋本店
東京都世田谷区太子堂 5-13-5
☎ 03-5481-8670
営11:00～14:30（LO）、17:30～22:30（LO）
土は 11:00～22:30（LO）、日祝は 11:00～21:30（LO）
不定休

Reg-On Diner
東京都渋谷区東 1-8-1
☎ 03-3498-5488
営11:00～22:00（21:30 LO） 日祝は11:00～20:00（19:30 LO）
不定休

AYUMI KIDZ

MODEL & DIRECTION

AYUMI SETO

Zipper で活躍中の人気モデル。
クリエイティビティ溢れるコーディネイトセンスやヘアスタイルで
10～20 代の女子から絶大な人気を博す。
アパレルショップでの商品企画やバイイングを務めた経験もあり、
モデルとしての実績も合わせ、自身のブランド「Aymmy」の立ち上げに至る。

PHOTO
SHU ASHIZAWA[s-14] (FRONT COVER, P2-11, 56, 76)
RYO KAWANISHI (P16-17,30-35,63)
SATOSHI TSUDA(P46-47)
HIROYUKI MATSUYAMA (P48-55)
AKIHISA OKUMOTO (P72-74)

CHIHARU ABE[LOVABLE]
MASAHARU ARISAKA[STUH]
MASATO OCHIAI
SHUNSUKE SHIGA
TETSUJI SHIBASAKI
NORIO FUKUMIZU
tAiki

STYLING
MANAMI ISHII (P2-11 ,56 ,76)

HAIR&MAKE-UP
AKIKO HACHINOHE (P2-11 ,56 ,76)

TEXT
KEI KATO
MANAMI ISHII

EDIT
TOMOKO OGAWA

DESIGN
SAORI OGIWARA [passage]
YUSUKE AKASAKA[ASOBISYSTEM](P48-55)

MANAGEMENT
ASOBISYSTEM

AYUMI KIDZ

2013 年 10 月 10 日　初版第1刷発行
2013 年 10 月 30 日　　　第2刷発行

著者　瀬戸あゆみ
発行人　竹内和芳
発行所　㈱祥伝社
〒101-8701
東京都千代田区神田神保町 3-3
03-3265-2117（編集）
03-3265-2081（販売）
03-3265-3622（業務）
印刷　凸版印刷株式会社
製本　ナショナル製本

ISBN978-4-396-43061-0 C0095